普通高等教育"十四五"规划教材

冶金工业出版社

数字电子技术

主　编　化雪荟　何　鹏　叶婧靖
副主编　张振宇
参　编　和晓军

U0342114

北　京
冶金工业出版社
2023

内 容 提 要

本书共分八章,内容包括数字逻辑基础、逻辑代数基础、组合逻辑电路、时序逻辑电路、大规模集成电路、脉冲波形的产生和变换、数/模转换和模/数转换、数字系统设计基础。

本书将实用数字电子技术理论与实验实践有机结合,凸显"做中学、学中做"的教学理念,书中引入了多个应用案例,侧重培养学生的应用能力。

本书可作为高等院校电子信息工程、电气工程、通信工程、电子科学与技术、自动化、机电一体化及相关专业的教材,也可供自动化、通信、电子技术等相关领域的工程技术人员参考。

图书在版编目(CIP)数据

数字电子技术/化雪荟,何鹏,叶婧靖主编. —北京:冶金工业出版社,2023.3

普通高等教育"十四五"规划教材

ISBN 978-7-5024-9433-9

Ⅰ.①数… Ⅱ.①化… ②何… ③叶… Ⅲ.①数字电路—电子技术—高等学校—教材 Ⅳ.①TN79

中国国家版本馆 CIP 数据核字(2023)第 044657 号

数字电子技术

出版发行	冶金工业出版社	**电 话**	(010)64027926
地 址	北京市东城区嵩祝院北巷 39 号	**邮 编**	100009
网 址	www.mip1953.com	**电子信箱**	service@mip1953.com

责任编辑 俞跃春 **美术编辑** 吕欣童 **版式设计** 郑小利
责任校对 梁江凤 **责任印制** 禹 蕊
北京印刷集团有限责任公司印刷
2023 年 3 月第 1 版,2023 年 3 月第 1 次印刷
787mm×1092mm 1/16;14.25 印张;345 千字;220 页
定价 48.00 元

投稿电话 (010)64027932 投稿信箱 tougao@cnmip.com.cn
营销中心电话 (010)64044283
冶金工业出版社天猫旗舰店 yjgycbs.tmall.com
(本书如有印装质量问题,本社营销中心负责退换)

前　言

　　"数字电子技术"是电子信息、自动化、计算机等理工科专业的重要基础课。为适应应用型、复合型、创新型人才培养的需要，"数字电子技术"课程应在注重数字逻辑基本理论和基本方法的基础上，强化逻辑电路分析和应用能力的培养。面向应用型人才培养的数字电子技术教材不应花费大量篇幅着墨于基本逻辑门电路和中小规模数字集成逻辑电路的内部结构，这会使一部分学生在面对复杂的内部电路结构时产生畏难心理，对学习基本逻辑电路失去兴趣；而应加强对基本逻辑电路应用的阐述，使学生能够较为轻松地进行数字逻辑电路应用实践。

　　本书的编写在注重基础知识讲述的同时，还融入了许多相关文献中最新的思想、理论和技术，既有实用性又有先进性，可满足应用型本科学生的培养需求。本书具有以下特点。

　　(1) 内容精练，注重实用。删减了对集成门电路内部电路的分析，侧重数字集成电路的逻辑功能和应用，重点介绍数字电路的分析和设计方法，注重读者对实用性的要求。

　　(2) 理论与实际紧密结合。在数字电路的介绍中，采用当前的主流芯片，引入工程实例，解决实际问题，提高学生的学习兴趣。

　　(3) 基础与系统并重。强调对基本知识点的覆盖，降低知识点的难度与深度，有利于学生的学习和掌握；同时又强调数字电子技术知识的系统性，在书中除对组合逻辑电路和时序逻辑电路的分析和设计等内容进行讲解外，还介绍了数字系统设计的先进方法和手段。

　　本书由佛山职业技术学院化雪荟、台州学院何鹏、重庆航天职业技术学院叶婧靖担任主编，辽宁科技学院张振宇担任副主编。全书由化雪荟、何鹏、叶婧靖统编定稿，具体编写分工如下：第四章、第五章由化雪荟编写；第二章、第三章由何鹏编写；第六章、第八章由叶婧靖编写；第七章由张振宇编写；第一章由和晓军编写。

　　本书在编写过程中，参考了相关文献资料，在此向文献作者表示感谢。

　　由于编者水平所限，书中不妥之处，恳请读者批评指正。

编　者

2022 年 11 月

目　　录

第一章　数字逻辑基础

学习目标

（1）了解数字信号和模拟信号的基本概念。

（2）掌握数制和码制的计算方法和转换方法。

本章导视

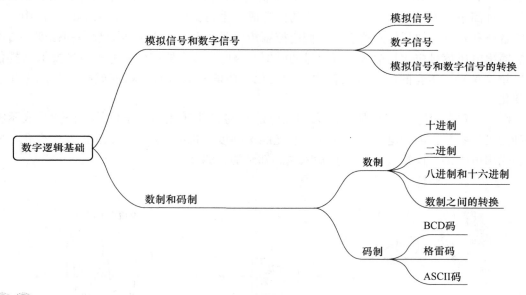

引言

电子学促进了通信、计算机、工业自动化、物联网工程及卫生保健等领域的重大发展。

电子工业目前已经成为全球最大的单一工业，它的最重要的发展趋势之一是逐渐从模拟电子技术转移到数字电子技术，这种趋势始于 20 世纪 60 年代，到现在几近完成。实际上最近的统计结果表明，电子系统中超过 90% 的电路都是数字电路。

第一节　模拟信号和数字信号

电子技术中的数字电路可以帮助人们对信息数据进行分析处理，而经过处理的信息数据可以保留于数字电路构成的存储器或可用于存储数字信号的其他介质中。数字系统只能用来处理离散信息，然而自然界中存在的信息大部分是以模拟信号的形式存在的，要对这

2

部分信息进行处理，首先需要将模拟信号转换为数字信号，并对其编码后再提交给数字系统来处理。数字电子电路是由晶体管电路发展而来的，这种电路结构简单，其输出信号随输入信号变化呈现两种电平，即高电平和低电平，通常分别用"1"和"0"表示。

模拟数据（analog data）是由传感器采集得到的连续变化的值，如温度、压力以及电话、无线电和电视广播中的声音和图像等。数字数据（digital data）则是模拟数据经量化后得到的离散的值，如在计算机中用二进制代码表示的字符、图形、音频与视频数据等。

一、模拟信号

不同的数据必须转换为相应的信号才能进行传输。模拟数据一般采用模拟信号（analog signal），如用一系列连续变化的电磁波（无线电与电视广播中的电磁波）或电压信号（电话传输中的音频电压信号）来表示。

图 1-1（a）所示为一个电子电路，旨在放大传声器检测到的语音信息。表示数据或信息的一种简单的方法是采用一个与表示的信息成正比例变化的电压。在图 1-1（a）中，声波的音调和音量施加到传声器上，它们应控制传声器产生的电压信号的频率和幅度。传声器的输出电压信号应该是输入语音信号的模拟。因此，传声器产生的电子信号模拟（类似于）语音信号，语音的"音量或音调"的变化将使信号电压的"幅度或频率"产生相应的变化。

图 1-1（b）中，光检波器（或太阳能电池）将光能转化为电子信号。该信号表示检测到的光的数量，因为电压幅度的变化使光能级强度（light-level intensity）发生变化。同样，输出电子信号模拟（类似于）输入端感知到的光能级。

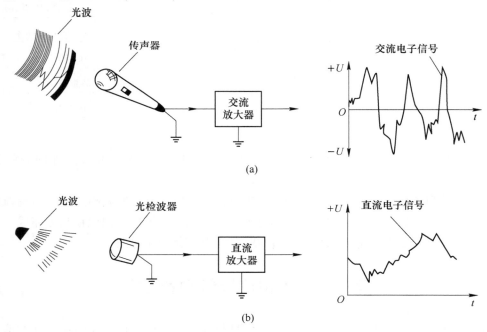

图 1-1　模拟信号和设备

（a）交流放大器放大信号；（b）直流放大器放大信号

图 1-1（a）中的传声器产生一个交流模拟信号，然后由交流放大器加以放大，这里的传声器是一个模拟设备，而放大器是一个模拟电路。图 1-1（b）中的光检波器也是一个模拟设备，然而它产生一个直流模拟信号，然后由直流放大器加以放大。图 1-1 中的两个信号均是平滑而连续变化的，与它们所表示的自然量（声音和光）一致。

概括来讲，模拟信号是指幅值在上限和下限之间连续，即幅值在上限和下限之间可以取任何实数值的信号。通常客观世界中存在的各种物理信号大多为时间连续模拟信号。

二、数字信号

数字数据采用数字信号（digital signal）来表示，用一系列断续变化的电压脉冲（可用恒定的正电压表示二进制数 1，用恒定的负电压表示二进制数 0）或光脉冲来表示。键盘是众多数字化设备之一，可以看到在键盘上按"i"键时，即把"i"编码成一组脉冲（1101001）。由表 1-1 可知，"1101001"编码对应于七位 ASCII 码表中的小写字母"i"。

表 1-1　七位 ASCII 码表

码制		$b_7b_6b_5$							
		000	001	010	011	100	101	110	111
$b_4b_3b_2b_1$	0000	NUL	DLE	(space)	0	@	P	`	p
	0001	SOH	DC1	!	1	A	Q	a	q
	0010	STX	DC2	"	2	B	R	b	r
	0011	ETX	DC3	#	3	C	S	c	s
	0100	EOT	DC4	$	4	D	T	d	t
	0101	ENQ	NAK	%	5	E	U	e	u
	0110	ACK	SYN	&	6	F	V	f	v
	0111	BEL	ETB	'	7	G	W	g	w
	1000	BS	CAN	(	8	H	X	h	x
	1001	HT	EM	)	9	I	Y	i	y
	1010	LF	SUB	*	:	J	Z	j	z
	1011	VT	ESC	+	;	K	[	k	{
	1100	FF	FS	,	<	L	\	l	|
	1101	CR	GS	-	=	M	]	m	}
	1110	SO	RS	。	>	N	^	n	~
	1111	SI	US	/	?	O	——	o	DEL

概括来讲，数字信号是指幅值是离散的，即幅值被限制在有限个数值之内的信号。数字信号可以是时间连续信号或时间离散信号，前者为最常见的由高、低电平描述的数字信号，而后者通常是指在一段时间内保持低电平或高电平，而低电平和高电平之间的转换是瞬间完成的。

图 1-2（a）所示为模拟万用表，指针在刻度上的偏移量是对被测电气性质大小的模

拟。图1-2（b）所示为数字万用表，被测电气性质的大小用数字显示，这里的数字是十进制数字。

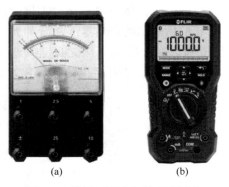

(a)　　　　　　　　　(b)

图 1-2　模拟万用表和数字万用表

模拟万用表是一种使用校准刻度上的偏移量来指示测量值的万用表。

数字万用表是一种使用数字来指示测量值的万用表。

三、模拟信号和数字信号的转换

为便于存储、分析和传输，通常需要将模拟信号转换为数字信号。通过图 1-3 来大体了解用数字表示模拟信号的过程。

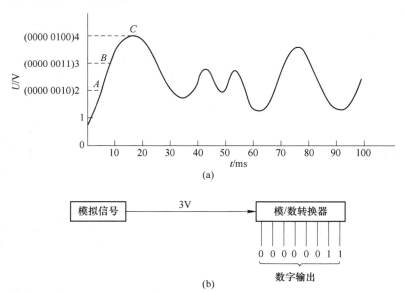

图 1-3　模拟信号的数字表示

（a）模拟信号波形三个取样点的数字表示；（b）3V 模拟电压转换为以 0、1 表示的数字电压

在图 1-3（a）所示的模拟信号波形中取 A、B、C 三个取样点。以 B 点为例，该点的模拟电压为 3V，将其送入一个模/数转换器后可得到以数字 0、1 表示的数字电压，如图 1-3（b）所示，同理也可以得到 A、C 点的数字编码。当信号的取样点足够多时，原信号

就能被较真实地保留下来。当然必要时可以通过数/模转换器将数字信号还原成模拟信号。图 1-4 所示为模拟声音到数字量的转换过程及其逆过程应用实例，展示了模拟信号与数字信号的相互转换。

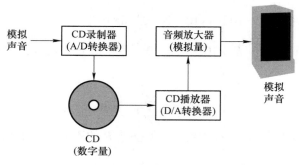

图 1-4　模拟声音到数字量的转化过程及其逆过程实例

A/D 转换器是把模拟输入信号转换成等效的数字输出信号的电路，D/A 转换器则相反。

思维延展

模拟信号与数字信号各自的特点是什么，它们互相转换的意义何在？

第二节　数制和码制

日常生活中经常会遇到计数问题，其中最常见的是十进制（decimal，基数为 10）形式，但其他数制也同样存在，如 60s 为 1min 采用的是六十进制形式，而 24h 为一天采用的是二十四进制形式。由于数字电路只可能是两个稳定状态，即数字电路是以二进制数字逻辑为基础的，所以在数字系统中最常用的是二进制（binary，基数为 2）形式。另外数字电路中还常用到八进制（octal，基数为 8）和十六进制（hexadecimal，基数为 16）形式。

使用不同进制的计数系统时，可以把数值括起来后面加一个下标来表示该数的基数，这个下标可以是数字（常见为 2、8、10、16），也可以是大写字母（常见为 B、O、D、H）。例如，$(12567)_{10}$ 是一个基数为 10 的数，而 $(10110)_B$ 是一个基数为 2 的数。另外，通常也采用在数值的后面加大写字母（常见为 B、O、D、H）后缀的形式来表示，如 10110B。

一、数制

（一）十进制

十进制就是以 10 为基数的计数体制，用 0~9 这 10 个数字来表示，其进位规则是逢十进一。十进制数的每一个数码的位置决定了该数码的权。

例如，1 本来只等于 1，而 3 个 0 左边的 1 等于 1000。

一般地，任意十进制数可以表示为

$$(N)_D = \sum_{-\infty}^{+\infty} K_i \times 10^i$$

式中，K_i 为基数为 10 的第 i 次幂的系数，它可以是 0~9 中的任何一个数字，这里下标 D 表示十进制，也可以用 10 来表示。

【例 1-1】 $(542.6)_{10} = 5 \times 10^2 + 4 \times 10^1 + 2 \times 10^0 + 6 \times 10^{-1}$

同理，如果将 $(N)_D = \sum_{-\infty}^{+\infty} K_i \times 10^i$ 中的"D"用字母 R 来代替，就可以得到任意进制数的表达式。

$$(N)_R = \sum_{-\infty}^{+\infty} K_i \times R^i$$

式中，K_i 为基数为 R 的第 i 次幂的系数，根据基数 R 的不同，它的取值可以是 0~$R-1$ 中的不同数码。

用数字电路处理和存储十进制数形式的信号不是很方便，所以一般不直接处理，这在后续的有关 BCD 码数码显示和十进制计数时序上会有较多的说明。相关术语解释如下。

（1）十进制计数系统：以 10 为基数的计数系统。

（2）基数：描述计数系统所用的数字个数。

（3）位权：每一个数码的幂，它与数码在数中的位置有关。

（4）最高有效数位（Most Significant Digit，MSD）：十进制数中最左边、位权最大的数字。

（5）最低有效数位（Least Significant Digit，LSD）：十进制数中最右边、位权最小的数字。

（二）二进制

1. 二进制的表示

二进制的进位规则是逢二进一，是以 2 为基数的计数体制，具体用 0 和 1 两个数字来表示。二进制数的位权图如图 1-5 所示。

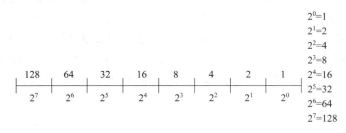

图 1-5   二进制数的位权图

一般地，任意二进制数可表示为

$$(N)_B = \sum_{-\infty}^{+\infty} K_i \times 2^i$$

式中，K_i 为基数为 2 的第 i 次幂的系数，它可以是 0 或 1 中的任何一个数字。这里下标 B 表示二进制，也可以用数字 2 表示。

【例1-2】 $(101.01)_2=1\times2^2+0\times2^1+1\times2^0+0\times2^{-1}+1\times2^{-2}$

2. 二进制的运算

（1）二进制加法。二进制加法运算是"逢二进一"，其运算规则见表1-2。

表1-2 二进制加法运算规则

被加数	加数	和	进位
0	0	0	0
0	1	1	0
1	0	1	0
1	1	0	1

【例1-3】 计算 $(10.01)_2+(11011.101)_2$。

解：列出加法运算式如下

$$
\begin{array}{r}
11011.101 \\
+\quad\ \ 10.01 \\
\hline
11101.111
\end{array}
$$

运算结果为 $(10.01)_2+(11011.101)_2=(11101.111)_2$

（2）二进制减法。二进制减法运算是"借一当二"，其运算规则见表1-3。

表1-3 二进制减法运算规则

被减数	减数	差	借位
0	0	0	0
1	0	1	0
1	1	0	0
0	1	1	1

【例1-4】 计算 $(11011.101)_2-(10.01)_2$。

解：列出减法运算式如下

$$
\begin{array}{r}
11011.101 \\
-\quad\ \ 10.01 \\
\hline
11001.011
\end{array}
$$

运算结果为 $(11011.101)_2-(10.01)_2=(11001.011)_2$

（3）二进制乘法。二进制乘法运算规则见表1-4。

表1-4 二进制乘法运算规则

被乘数	乘数	积
0	0	0
0	1	0
1	0	0
1	1	1

【例 1-5】 计算 $(1101.11)_2 \times (10.01)_2$。

解： 列出乘法运算式如下

$$
\begin{array}{r}
1101.11 \\
\times \quad\quad 10.01 \\
\hline
11.0111 \\
+ \quad 11011.1 \quad\quad \\
\hline
11110.1111
\end{array}
$$

运算结果为 $(1101.11)_2 \times (10.01)_2 = (11110.1111)_2$

（4）二进制除法。二进制除法是二进制乘法的逆运算，利用二进制乘法和减法规则可以很容易实现除法运算。

【例 1-6】 计算 $(110110)_2 \div (101)_2$。

解： 列出除法运算式如下

$$
\begin{array}{r}
1010 \quad\quad \cdots\cdots\cdots 商 \\
101 \overline{)110110} \\
\underline{101\quad\quad\quad} \\
111\quad\quad \\
\underline{101\quad\quad} \\
100 \quad \cdots\cdots\cdots 余数
\end{array}
$$

3. 二进制的原码、反码和补码及其运算

（1）原码：二进制数可分为有符号数和无符号数，原码、反码和补码都是针对有符号数定义的。有符号数用最高位表示符号，"0"表示正，"1"表示负。

原码就是这个数的二进制本身形式。

（2）反码：正数的反码为原码，负数的反码为除了符号位外各位取反（将 0 变为 1，1 变为 0）。

（3）补码：补码是原码按指定规则经过变换后构成的一种二进制码。补码的最高位为符号位，正数为"0"，负数为"1"。

正数的补码与原码相同；负数的补码是将原码（除符号位外）逐位求反，然后在最低位加 1 得到。

补码也称为二进制数的基数的补码或称为 2 的补码；反码也称为二进制数的降基数的补码或 1 的补码。无论是补码还是反码，按定义再求补或求反一次，将还原为原码。

无符号二进制数的加、减、乘、除四种运算规则与十进制数类似，唯一的区别在于进位或者借位规则不同。无符号数的加法运算是基础，数字系统中的各种算术运算都将通过加法来进行；无符号数的减法要求被减数一定大于减数，因此无法表示负数；乘法运算是由左移被乘数与加法运算组成的；除法运算是由右移除数与减法运算组成的。有符号数运算如下。

（1）反码运算：两数反码之和等于两数之和的反码，即

$$[N_1]_反 + [N_2]_反 = [N_1 + N_2]_反$$

二进制数的符号位参加运算，当符号位有进位时，需循环进位，即把符号位进位加到和的最低位。

（2）补码运算：补码的运算与反码的运算相似，两数补码之和等于两数之和的补码，即

$$[N_1]_{\text{补}} + [N_2]_{\text{补}} = [N_1 + N_2]_{\text{补}}$$

符号位参加运算，但不需要循环进位，如有进位，自动丢弃。由于补码运算无循环进位，比反码运算简单，因而应用更广泛。但补码的运算应在其相应位数表示的数值范围内进行，否则将可能产生错误的计算结果。

【例 1-7】　用 4 位二进制补码计算 5-2。

解：$(5-2)_{\text{补}} = (5)_{\text{补}} + (-2)_{\text{补}}$

$$= 0101 + 1110 = 0011$$

两个补码相加时，产生的进位自动丢失，因为运算是以 4 位二进制补码表示的，计算结果仍然保留 4 位。

（三）八进制和十六进制

八进制是逢八进一，用 0~7 共 8 个数字来表示。八进制的一般表达式为

$$(N)_8 = \sum_{-\infty}^{+\infty} K_i \times 8^i$$

式中，K_i 为基数为 8 的第 i 次幂的系数，它可以是 0~7 中的任何一个数字。

【例 1-8】　$(17.05)_8 = 1 \times 8^1 + 7 \times 8^0 + 0 \times 8^{-1} + 5 \times 8^{-2}$

在计算机中经常采用十六进制或八进制数来表示二进制数。

十六进制由 0，1，…，9，A，B，C，D，E，F 共 16 个数码组成，进位规则是逢十六进一，基数为 16，其中 A~F 分别对应于十进制中的 10~15。十六进制数的一般表达式为

$$(N)_{16} = \sum_{-\infty}^{+\infty} K_i \times 16^i$$

式中，K_i 为基数为 16 的第 i 次幂的系数，它可以是 0~9 或 A~F 中的任何一个数字或字母。

【例 1-9】　$(1B.2)_{16} = 1 \times 16^1 + B \times 16^0 + 2 \times 16^{-1}$

（四）数制之间的转换

1. 十进制和二进制转换

（1）二进制数转换为十进制数。将二进制数转换为等值的十进制数，只需要将待转换的二进制数展开，然后将每项的数值按照十进制运算规则相加，就可以得到等值的十进制数了。例如：

$$(1101.11)_2 = 1 \times 2^3 + 1 \times 2^2 + 0 \times 2^1 + 1 \times 2^0 + 1 \times 2^{-1} + 1 \times 2^{-2}$$
$$= (13.75)_{10}$$

（2）十进制数转换为二进制数。将十进制数转换为等值的二进制数，情况要复杂一些，对整数部分和小数部分的转换要分别进行。

首先整数部分的转换。整数部分转换采用"除基取余"法，即将待转换十进制整数连续除以基数 2，将每次除法所得余数取出。具体步骤如下。

1）将待转换十进制整数 D 除以 2，记下所得的商和余数。

2）将步骤 1）所得之商再除以 2，记下所得的商和余数。

3）重复步骤 2），直至商为零。

4）将所得所有余数倒序排列（即最后一步得到的余数排在最前，步骤 1）得到的余数排在最后），得到的即为转换完成的等值二进制数。

将（235）$_{10}$ 转换为等值二进制数，转换过程如下。

【例 1-10】

$$
\begin{array}{r|l}
2 & 235 \quad\cdots\cdots\cdots\cdots\text{余数}=1 \\
2 & 117 \quad\cdots\cdots\cdots\cdots\text{余数}=1 \\
2 & 58 \quad\cdots\cdots\cdots\cdots\text{余数}=0 \\
2 & 29 \quad\cdots\cdots\cdots\cdots\text{余数}=1 \\
2 & 14 \quad\cdots\cdots\cdots\cdots\text{余数}=0 \\
2 & 7 \quad\cdots\cdots\cdots\cdots\text{余数}=1 \\
2 & 3 \quad\cdots\cdots\cdots\cdots\text{余数}=1 \\
2 & 1 \quad\cdots\cdots\cdots\cdots\text{余数}=1 \\
& 0
\end{array}
$$

转换结果为所有余数倒序排列，即（235）$_{10}$ =（11101011）$_2$。

下面讨论纯小数的转换。纯小数转换采用"乘基取整"法，即将待转换十进制纯小数连续乘以基数 2，将每次乘积的整数部分取出。具体步骤如下。

（1）将待转换十进制纯小数乘以 2，记下所得积的整数部分。

（2）将步骤（1）所得乘积的小数部分再乘以 2，记下所得积的整数部分。

（3）重复步骤（2），直至小数部分为零或满足预定精度要求为止。

（4）将所得的所有整数部分顺序排列（即步骤（1）得到的整数排在最前，最后一步得到的整数排在最后），得到的即为转换完成的等值二进制小数。

【例 1-11】 将（0.6125）$_{10}$ 转换为等值二进制数，要求转换结果小数点后保留 6 位，转换过程如下：

$$
\begin{array}{r}
0.6125 \\
\times \quad 2 \\
\hline
1.2250 \quad\cdots\cdots\cdots\cdots\cdots\text{整数部分}=1 \\
0.2250 \\
\times \quad 2 \\
\hline
0.4500 \quad\cdots\cdots\cdots\cdots\cdots\text{整数部分}=0 \\
0.4500 \\
\times \quad 2 \\
\hline
0.9000 \quad\cdots\cdots\cdots\cdots\cdots\text{整数部分}=0 \\
0.9000 \\
\times \quad 2 \\
\hline
1.8000 \quad\cdots\cdots\cdots\cdots\cdots\text{整数部分}=1
\end{array}
$$

$$0.8000$$
$$\times \quad 2$$
$$\overline{1.6000} \quad \cdots\cdots\cdots\cdots\cdots\cdots\text{整数部分} = 1$$
$$0.6000$$
$$\times \quad 2$$
$$\overline{1.2000} \quad \cdots\cdots\cdots\cdots\cdots\cdots\text{整数部分} = 1$$

转换结果为所有整数部分顺序排列，即 $(0.6125)_{10} = (0.10111)_2$。

对于既有整数部分，又有小数部分的数，需要对整数部分和小数部分分别转换，然后再将两部分转换结果相加。

2. 二进制和八进制、十六进制转换

在具体二进制与十六进制的转换过程中，二进制转换为十六进制的，以小数点为基准，整数部分是"由右向左四位并一位"，不足位的前添 0，小数部分是"由左向右四位并一位"，不足位的后添 0；而十六进制转换为二进制的，则是"一位化四位"。

二进制和八进制之间的转换规则与此类似，就是"三位并一位"和"一位化三位"，大家掌握这种转换规则即可。

另外，十进制与十六进制转换中，可以考虑"乘权求和"方式，也可以考虑用二进制来作为过渡进行转换的方式。

【例 1-12】 二进制转换成八进制、十六进制。

$(100011001110)_2 = (100\ 011\ 001\ 110)_2 = (4316)_8$

$(100011001110)_2 = (1000\ 1100\ 1110)_2 = (8CE)_{16}$

$(10.1011001)_2 = (010.101\ 100\ 100)_2 = (2.544)_8$

$(10.1011001)_2 = (0010.1011\ 0010)_2 = (2.B2)_{16}$

3. 十进制和八进制、十六进制转换

十进制转换成十六进制、八进制的方法与十进制转换成二进制的方法相同。

【例 1-13】 将 $(179)_{10}$ 分别转换为八进制、十六进制数。

所以，$(179)_{10} = (263)_8$，$(179)_{10} = (B3)_{16}$。

【例 1-14】 将 $(0.726)_{10}$ 转换为八进制数（保留 6 位有效数字）。

$$0.726 \times 8 = 5.808 \cdots\cdots\cdots\cdots\cdots 5$$
$$0.808 \times 8 = 6.464 \cdots\cdots\cdots\cdots\cdots 6$$
$$0.464 \times 8 = 3.712 \cdots\cdots\cdots\cdots\cdots 3$$
$$0.712 \times 8 = 5.696 \cdots\cdots\cdots\cdots\cdots 5$$
$$0.696 \times 8 = 5.568 \cdots\cdots\cdots\cdots\cdots 5$$
$$0.568 \times 8 = 4.544 \cdots\cdots\cdots\cdots\cdots 4$$

所以，$(0.726)_{10} \approx (0.563554)_8$。实际转换中，通常用二进制过渡的方法来实现。

基础夯实

（1）将下列二进制数转换为等值的十进制数。

1）$(011011)_2$　　　　2）$(1011.011)_2$

（2）将下列二进制数转换为等值的八进制数和十六进制数。

1）$(1010.0111)_2$　　　2）$(11001.1101)_2$

（3）将下列十六进制数转换为等值的二进制数。

1）$(6C)_{16}$　　　　2）$(2D.BC)_{16}$

（4）将下列十进制数转换为等值的二进制数和十六进制数。要求二进制数保留小数点以后 8 位有效数字。

1）$(31)_{10}$　　　　2）$(255.5178)_{10}$

（5）写出下列二进制数的原码、反码和补码。

1）$(+10101)_2$　　　2）$(-01101)_2$

（6）用 8 位的二进制补码表示下列十进制数。

1）+30　　　　　　2）-79　　　　　3）-123

二、码制

（一）BCD 码

BCD（Binary-Coded Decimal）码是一种以二进制编码形式表示的十进制数。这种编码仅仅使用 4 位二进制数来表示十进制数中的 0~9 共 10 个数码。

（1）8421 码是最常见的一种 BCD 码，由 4 位二进制数编码形式 0000~1001 来分别表示十进制数 0~9。这里指的是二进制数编码形式，实质依然是十进制数，只是表示形式不同罢了。二进制编码 $b_3b_2b_1b_0$ 中每位的值称为权或位权，其中 b_0 位的权为 $2^0=1$，b_1 位的权为 $2^1=2$，b_2 位的权为 $2^2=4$，b_3 位的权为 $2^3=8$。

【例 1-15】　$(1001)_{8421BCD}=1×8+0×4+0×2+1×1=(9)_{10}$。

（2）2421 码对应的 b_3、b_2、b_1 和 b_0 的权分别是 2、4、2、1。

（3）5421 码对应的 b_3、b_2、b_1 和 b_0 的权分别是 5、4、2、1。

【例 1-16】　$(1011)_{2421BCD}=1×2+0×4+1×2+1×1=(5)_{10}$。

由此可见，8421BCD 码、2421BCD 码、5421BCD 码都属于有权码。

（4）余 3 码（Excess-3Code）属于无权码，它是在 8421BCD 码基础上加 0011 形成的一种无权码，由于它的每个字符编码比相应的 8421 码多 3，故称为余 3 码。但是它仍然像 BCD 码那样只用 10 个 4 位二进制编码（0011~1100），而（0000~0010）和（1101~1111）是非法码（即在余 3 码中不存在）。

【例 1-17】　$(526)_{10}=(100001011001)_{余3码}$。

下面列出几种常见的 BCD 码，见表 1-5。

表 1-5　常见的几种 BCD 码

十进制	码制				
	8421BCD 码	2421BCD 码	5421BCD 码	4221BCD 码	余 3 码
0	0000	0000	0000	0000	0011
1	0001	0001	0001	0001	0100
2	0010	0010	0010	0010	0101
3	0011	0011	0011	0011	0110
4	0100	0100	0100	0110	0111
5	0101	1011	1000	0111	1000
6	0110	1100	1001	1010	1001
7	0111	1101	1010	1011	1010
8	1000	1110	1011	1110	1011
9	1001	1111	1100	1111	1100
位权	8421	2421	5421	4221	无权码

（二）格雷码

格雷码（Gray Code）是一种无权的二进制码。这种编码以其发明者的名字命名，其目的是从一个码组按顺序进入下一个码组时只改变其中一个二进制数字，如图 1-6 所示。

2 位格雷码

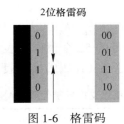

图 1-6　格雷码

对应的十进制数、4 位二进制数和某种格雷码见表 1-6。

表 1-6　格雷码表

十进制	4 位二进制码	格雷码
0	0000	0000
1	0001	0001
2	0010	0011
3	0011	0010
4	0100	0110
5	0101	0111
6	0110	0101
7	0111	0100
8	1000	1100

续表 1-6

十进制	4 位二进制码	格雷码
9	1001	1101
10	1010	1111
11	1011	1110
12	1100	1010
13	1101	1011
14	1110	1001
15	1111	1000

格雷码的特点如下。（1）任意两个相邻数所对应的格雷码之间只有一位不同，其余位都相同。（2）格雷码为镜像码。n 位格雷码的前、后 2^{n-1} 位码字除首位不同（前 2^{n-1} 位码字首位为 0，后 2^{n-1} 位码字首位为 1）外，后面各位互为镜像。

（三）ASCII 码

美国信息交换标准代码（American Standard Code for Information Interchange，ASCII）是由美国国家标准化协会制定的一种信息代码，并已被国际标准化组织认定为国际通用的标准化代码，被广泛应用于计算机和通信领域。例如，人们同计算机进行交互时，键盘上的数字、字母、符号和控制码都是以一组二进制码进入计算机系统的，ASCII 码就是一种被广泛使用的键盘按键编码。

ASCII 码由一组 7 位二进制代码（$b_7b_6b_5b_4b_3b_2b_1$）构成，共有 128 个，包括表示 0~9 的 10 个代码，表示大、小写英文字母的 52 个代码，表示标点符号等各种符号的 32 个代码，以及 34 个控制码。表 1-7 给出了 ASCII 码的编码表。

表 1-7　美国信息交换标准代码（ASCII 码）表

$b_4b_3b_2b_1$	$b_7b_6b_5$							
	000	001	010	011	100	101	110	111
0000	NUL	DLE	SP	0	@	P	'	P
0001	SOH	DC1	!	1	A	Q	a	q
0010	STX	DC2	"	2	B	R	b	r
0011	ETX	DC3	#	3	C	S	c	s
0100	EOT	DC4	$	4	D	T	d	t
0101	ENQ	NAK	%	5	E	U	e	u
0110	ACK	SYN	&	6	F	V	f	v
0111	BEL	ETB	'	7	G	W	g	w
1000	BS	CAN	(	8	H	X	h	x
1001	HT	EM	)	9	I	Y	i	y
1010	LF	SUB	*	:	J	Z	j	z
1011	VT	ESC	+	;	K	[	k	{

续表 1-7

$b_4b_3b_2b_1$	$b_7b_6b_5$							
	000	001	010	011	100	101	110	111
1100	FF	FS	,	<	L	\	l	¦
1101	CR	GS	-	=	M	]	m	}
1110	SO	RS	。	>	N	^	n	~
1111	SI	US	/	?	O	_	o	DEL

能力提升

（1）将下列二进制数转换为等值的十进制数。

1）$(101100)_2$　　2）$(0.10111)_2$　　3）$(0.00101)_2$

4）$(110.0101)_2$　　5）$(1110.1111)_2$　　6）$(1101.1010)_2$

（2）将下列二进制数转换为等值的八进制数和十六进制数。

1）$(0110.101)_2$　　2）$(101101.100011)_2$

（3）将下列十六进制数转换为等值的二进制数。

1）$(5F.F9)_{16}$　　2）$(10.01)_{16}$

（4）将下列十进制数转换为等值的二进制数和十六进制数。要求二进制数保留小数点以后 8 位有效数字。

1）$(129)_{10}$　　2）$(81.271)_{10}$

（5）写出下列二进制数的原码、反码和补码。

1）$(+01011)_2$　　2）$(-11101)_2$　　3）$(-01101)_2$

（6）用 8 位的二进制补码表示下列十进制数。

1）+17　　　　2）+123　　　　3）-14　　　　4）-43

（7）进制、码制转换。

1）$(10110010.1011)_2 = (\underline{\hspace{2cm}})_8 = (\underline{\hspace{2cm}})_{16}$

2）$(35.4)_8 = (\underline{\hspace{2cm}})_2 = (\underline{\hspace{2cm}})_{10} = (\underline{\hspace{2cm}})_{16} = (\underline{\hspace{2cm}})_{8421BCD}$

3）$(39.75)_{10} = (\underline{\hspace{2cm}})_2 = (\underline{\hspace{2cm}})_8 = (\underline{\hspace{2cm}})_{16}$

4）$(5E.C)_{16} = (\underline{\hspace{2cm}})_2 = (\underline{\hspace{2cm}})_8 = (\underline{\hspace{2cm}})_{10} = (\underline{\hspace{2cm}})_{8421BCD}$

5）$(01111000)_{8421BCD} = (\underline{\hspace{2cm}})_2 = (\underline{\hspace{2cm}})_8 = (\underline{\hspace{2cm}})_{10} = (\underline{\hspace{2cm}})_{16}$

第二章　逻辑代数基础

学习目标

（1）掌握逻辑代数的基本公式和基本定理。
（2）熟悉逻辑函数的各种表示方法及这些表示方法之间的相互转换。
（3）熟悉逻辑函数的标准形式。
（4）掌握逻辑函数的化简方法。

本章导视

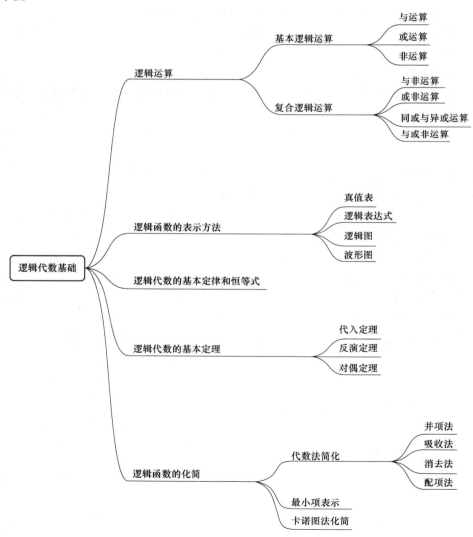

引言

　　逻辑描述的是事物间的因果关系。在数字电路中，一般用 1 位二进制数码 0 和 1 来表示事物对立的两种不同逻辑状态。例如，可以用 1 和 0 分别表示事情的对和错、真和伪、有和无，或者表示电路的通和断、灯的亮和灭、阀门的开和关等。

　　对于用二进制数码表示的不同的逻辑状态，可以按照指定的因果关系对其进行推理运算，将这种运算称为逻辑运算。而这种只有两种对立逻辑状态的逻辑关系，则称为二值逻辑。

　　1849 年，英国的数学家乔治·布尔（George Boole）首先提出了进行逻辑运算的数学方法，即布尔代数。后来，由于布尔代数被广泛应用于解决开关电路和数字逻辑电路的分析和设计中。所以，布尔代数也被称为开关代数或逻辑代数。本章所要讲授的逻辑代数基础就是布尔代数在二值逻辑电路中的应用。

　　在逻辑代数中，用字母来表示变量，称为逻辑变量。逻辑运算表示的是逻辑变量以及逻辑常量之间逻辑状态的推理运算。虽然在二值逻辑中每个变量的取值只能是 0 和 1 两种可能，只能表示两种不同的逻辑状态。但是，可以用多个逻辑变量的不同状态组合来表示事物的多种逻辑状态，处理任何复杂的逻辑问题。

第一节　逻辑运算

一、基本逻辑运算

（一）与运算

　　如图 2-1 所示为指示灯控制电路，开关 A 和开关 B 串联控制指示电灯 Y。开关 A 和开关 B 的状态组合有四种，这四种不同的状态组合与电灯点亮与熄灭之间的关系见表 2-1。从表 2-1 中可以看出，只有当开关 A 和开关 B 同时闭合时，电灯 Y 才会点亮；否则电灯将处于熄灭的状态。

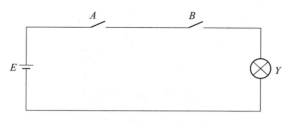

图 2-1　逻辑与示例电路

表 2-1　"与"电路状态表

开关 A 的状态	开关 B 的状态	灯 Y 的状态
断开	断开	灭
断开	闭合	灭
闭合	断开	灭
闭合	闭合	亮

如果以 A、B 表示开关 A 和 B 的状态，以 Y 表示指示灯 Y 的状态，则可以用表 2-2 表示表 2-1 所列的 4 种电路状态。其中，用二进制数 1 表示开关闭合和灯亮；用二进制数 0 表示开关断开和灯灭。表 2-2 这种把输入逻辑变量的所有取值组合及其相对应的输出结果列成的表格称之为真值表。

表 2-2　"与"电路真值表

A	B	Y
0	0	0
0	1	0
1	0	0
1	1	1

从表 2-1 中可以得到如下的因果关系，只有当决定事物结果的全部条件（如开关闭合）同时具备时，结果（如灯亮）才会发生。这种因果关系称为逻辑与，或称为与运算。

在逻辑代数中，与运算可以写成如下的逻辑函数表达式：

$$Y = A \cdot B \tag{2-1}$$

式中，A 和 B 为输入逻辑变量，即自变量；Y 为输出逻辑变量，即因变量。式中的与运算符号 "·" 在不至于混淆的情况下，一般可以省略。与运算的意义为：只有当 A 和 B 都为 1 时，函数值 Y 才为 1。读者很容易推广到 3 个（或 3 个以上）输入变量的情况。

在数字逻辑电路中，将实现与运算的单元电路称为与门。与运算还可以用图形符号表示，如图 2-2 所示。图 2-2 中给出了被电气与电子工程师协会（Institute of Electrical and Electronics Engineers，IEEE）和国际电工协会（International Electro Technical Commission，IEC）认定的两套图形符号，其中一套为特定外形符号，在国外教材和 EDA 软件中普遍使用，如图 2-2（a）所示；另一套为矩形轮廓的符号，是我国国家标准认定的符号，如图 2-2（b）所示。

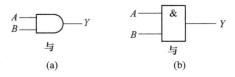

图 2-2　与运算的图形符号

通过与逻辑关系的真值表可知与逻辑运算的运算规律如下：

$$0 \cdot 0 = 0$$
$$0 \cdot 1 = 1 \cdot 0 = 0$$
$$1 \cdot 1 = 1$$

简单地记为：有 0 出 0，全 1 出 1。由此推出如下一般形式：

$$A \cdot 0 = 0 \tag{2-2}$$
$$A \cdot 1 = A \tag{2-3}$$
$$A \cdot A = A \tag{2-4}$$

（二）或运算

将图 2-1 所示电路稍做改变，把两个串联开关改为两个并联开关控制指示灯，得到如图 2-3 所示的电路图。

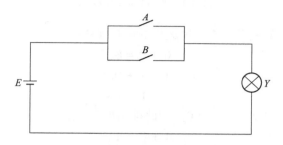

图 2-3　逻辑或示例电路

两个并联开关也有 4 种不同的状态组合，这些状态组合与灯亮、灯灭之间的关系见表 2-3。同样地，用 1 表示开关闭合和灯亮，0 表示开关断开和灯灭，可以得到见表 2-4 的真值表。从其逻辑状态表中可以得到这样的因果关系：在决定事物结果（如灯亮）的各种条件中，有一个或几个条件（如开关闭合）具备时，结果就会发生。这种因果关系称之为逻辑或，又称为或运算。

表 2-3　"或"电路状态表

开关 A 的状态	开关 B 的状态	灯 Y 的状态
断开	断开	灭
断开	闭合	亮
闭合	断开	亮
闭合	闭合	亮

表 2-4　"或"电路真值表

A	B	Y
0	0	0
0	1	1
1	0	1
1	1	1

上述这种或逻辑关系可以写成如下的逻辑函数表达式：

$$Y = A + B \tag{2-5}$$

式中，"+"为或逻辑运算符号。或运算的意义为：A 或 B 只要有一个为 1，则函数值 Y 为 1。在数字逻辑电路中，将实现或运算的单元电路称为或门。或运算的图形符号表示如图 2-4 所示。

图2-4　或运算的图形符号

由或逻辑关系的真值表可知或逻辑运算的运算规律如下：

$$0 + 0 = 0$$
$$0 + 1 = 1 + 0 = 1$$
$$1 + 1 = 1$$

简单地记为：有1出1，全0出0。由此推出如下一般形式：

$$A + 0 = A \qquad\qquad (2\text{-}6)$$
$$A + 1 = 1 \qquad\qquad (2\text{-}7)$$
$$A + A = A \qquad\qquad (2\text{-}8)$$

（三）非运算

在如图2-5所示的开关电路中，开关A闭合时，灯灭；开关A断开时，灯亮。

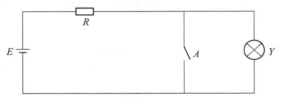

图2-5　逻辑非示例电路

若用1表示开关闭合及灯亮，0表示开关断开及灯灭，则可得逻辑非的真值表见表2-5。从其逻辑状态表中得到的因果关系如下：决定某一事件发生的条件（如开关闭合）具备时，事件（如灯亮）不发生；而当事件发生的条件不具备时，事件发生。这种因果关系称为非逻辑关系。

表2-5　"非"电路真值表

A	Y
0	1
1	0

上述这种非逻辑关系可写成如下逻辑函数表达式：

$$Y = \overline{A}$$

上式右边读作"A非"或"非A"。其中，"－"和"'"均为非逻辑的逻辑运算符号。非运算的意义为：逻辑函数值为输入逻辑变量的反。

在数字逻辑电路中，将实现非运算的单元电路称为非门，也称为反相器。"非"运算的图形符号表示如图2-6所示。

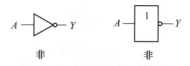

图 2-6　非运算的图形符号

由非逻辑关系的真值表可知非逻辑的运算规律如下：

$$\overline{0} = 1$$

$$\overline{1} = 0$$

二、复合逻辑运算

实际逻辑问题往往比与、或、非复杂得多，不过它们都可以用这三种基本逻辑运算的组合来实现，这就是所谓的复合逻辑运算（Combinational Logic Operation）。常用的复合逻辑运算有与非、或非、与或非、异或和同或等。

（一）与非运算

与非运算（NAND）是由与运算和非运算组合在一起的。逻辑符号如图 2-7 所示，真值表见表 2-6。逻辑表达式可写成

$$Y = \overline{AB} \tag{2-9}$$

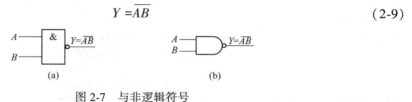

图 2-7　与非逻辑符号

（a）与运算；（b）非运算

表 2-6　与非逻辑真值表

A	B	Y
0	0	1
0	1	1
1	0	1
1	1	0

（二）或非运算

或非运算（NOR）是由或运算和非运算组合在一起的。逻辑符号如图 2-8 所示，真值表见表 2-7。

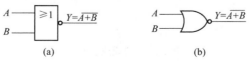

图 2-8　或非逻辑符号

（a）或运算；（b）非运算

逻辑表达式可写成

$$Y = \overline{A + B} \qquad\qquad (2\text{-}10)$$

表 2-7　或非逻辑真值表

A	B	Y
0	0	1
0	1	0
1	0	0
1	1	0

（三）同或与异或运算

异或（XOR）的逻辑关系是：当两个输入信号相同时，输出为 0；当两个输入信号不同时，输出为 1。逻辑符号如图 2-9 所示，真值表见表 2-8。逻辑表达式可写成

$$Y = \overline{A}B + A\overline{B} = A \oplus B \qquad\qquad (2\text{-}11)$$

图 2-9　异或逻辑符号
（a）异逻辑；（b）或逻辑

表 2-8　异或逻辑真值表

A	B	Y
1	1	0
0	0	0
0	1	1
1	0	1

同或（XNOR）和异或的逻辑关系刚好相反：当两个输入信号相同时，输出为 1；当两个输入信号不同时，输出为 0。逻辑符号如图 2-10 所示，真值表见表 2-9。逻辑表达式可写成

$$Y = AB + \overline{AB} = A \odot B \qquad\qquad (2\text{-}12)$$

图 2-10　同或逻辑符号
（a）同逻辑；（b）或逻辑

表 2-9 同或逻辑真值表

A	B	Y
0	0	1
0	1	0
1	0	0
1	1	1

由表 2-8 和表 2-9 对比可以看出，异或和同或是相反的关系，也就是说异或非等于同或；同或非等于异或。

（四）与或非运算

与或非运算（AND-OR-INVERT）是由与运算、或运算和非运算组合在一起的。逻辑符号如图 2-11 所示，真值表见表 2-10。逻辑表达式可写成

$$Y = \overline{AB + CD} \tag{2-13}$$

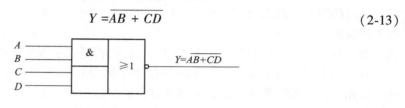

图 2-11 与或非逻辑符号

表 2-10 与或非逻辑真值表

A	B	C	D	Y
0	0	0	0	1
0	0	0	1	1
0	0	1	0	1
0	0	1	1	0
0	1	0	0	1
0	1	0	1	1
0	1	1	0	1
0	1	1	1	0
1	0	0	0	1
1	0	0	1	1
1	0	1	0	1
1	0	1	1	0
1	1	0	0	0
1	1	0	1	0
1	1	1	0	0
1	1	1	1	0

基础夯实

（1）将下列逻辑函数式化为与非–与非形式，并画出全部由与非门组成的逻辑图。

1）$Y = AB + BC + AC$

2）$Y = AB\overline{C} + A\overline{C}D + (A + \overline{B})C\overline{D}$

（2）将下列逻辑函数式化为或非–或非形式，并画出全部由或非门组成的逻辑图。

1）$Y = (AB + \overline{C})(A + \overline{B}D)$

2）$Y = \overline{(\overline{A + BC})(B\overline{C} + \overline{A}CD)} + A\overline{C}D$

第二节　逻辑函数的表示方法

如果以逻辑变量作为输入，以逻辑运算结果作为输出，则当输入变量的取值确定之后，输出的取值也随之确定。那么，输出与输入之间便形成一种函数关系。这种函数关系称为逻辑函数（logic function），即 $Y = F(A, B, C, \cdots)$。由于输入（变量）和输出（函数）都只有 0 和 1 两种取值，因此这里所讨论的都是二值逻辑函数。

对于一个具体的逻辑问题，条件与结果之间存在的因果关系，可以用逻辑函数来描述。例如，在举重比赛中，运动员试举是否成功是由一名主裁判和两名副裁判共同来判定的。根据比赛规则，只有当主裁判和至少一名副裁判共同判定运动员动作合格，试举才算成功。

图 2-12 所示是一个举重裁判电路，比赛时主裁判掌握着开关 A，两名副裁判分别掌握着开关 B 和开关 C。当运动员举起杠铃时，裁判认为动作合格就合上开关；否则不合。显然，指示灯 Y 的状态（亮与灭）是开关 A、开关 B、开关 C 状态（合上与断开）的函数。

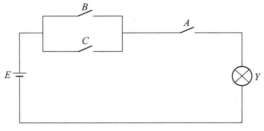

图 2-12　举重裁判电路

若以 1 表示开关闭合和灯亮，0 表示开关断开和灯灭，则指示灯 Y 是开关 A、开关 B、开关 C 的二值逻辑函数，即

$$Y = F(A, B, C)$$

式中，Y 为指示灯 Y 的状态；A、B、C 为开关 A、开关 B、开关 C 的状态。

常用的逻辑函数表示方法有逻辑真值表、逻辑函数式（简称逻辑式或函数式）、逻辑图、波形图、卡诺图和硬件描述语言等。本节只介绍前面 4 种方法，用卡诺图和硬件描述语言表示逻辑函数的方法将在本书后续章节介绍。

一、真值表

将输入变量所有可能的取值及其对应的函数值列成表格，即可得到真值表。

如图 2-12 所示电路的逻辑函数关系可以用真值表表示，其真值表见表 2-11。

表 2-11　图 2-12 所示电路的逻辑真值表

A	B	C	Y
0	0	0	0
0	0	1	0
0	1	0	0
0	1	1	0
1	0	0	0
1	0	1	1
1	1	0	1
1	1	1	1

观察该电路的真值表得出，只有 $A = 1$，同时 B、C 至少有一个为 1 时，Y 才等于 1。即只有主裁判（A）闭合开关，同时副裁判（B、C）至少有一个闭合开关，指示灯才亮。真值表很好地描述了该电路的逻辑功能。

二、逻辑表达式

将输出与输入之间的逻辑关系写成由与、或、非等逻辑运算组合而成的逻辑代数式，就得到了该逻辑函数对应的逻辑函数式。

在图 2-12 所示的举重裁判电路中，"副裁判（B、C）至少有一个闭合开关"，根据与、或逻辑的定义，可以表示为（$B+C$）；"同时主裁判（A）闭合开关"则可以表示为 $A \cdot (B+C)$。

因此，可以得到该逻辑函数对应的逻辑函数式为

$$Y = A \cdot (B + C) \tag{2-14}$$

三、逻辑图

将逻辑函数式中各变量之间的与、或、非等逻辑关系用图形符号表示出来，就得到了表示该逻辑函数的逻辑图（logic diagram）。

用逻辑运算的图形符号代替逻辑函数式（2-14）中的代数运算符号就能得到对应的逻辑图，如图 2-13 所示。

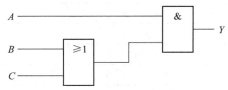

图 2-13　图 2-12 所示举重裁判电路的逻辑图

四、波形图

如果将逻辑函数输入变量的每种可能取值与对应的输出函数值按时间顺序依次排列起来，就得到了表示该逻辑函数的波形图（waveform）。

如果用波形图来描述图 2-12 所示的举重裁判电路，只需将其真值表（见表 2-11）中给出的输入变量与对应的输出变量取值按时间顺序排列起来，就可以得到如图 2-14 所示的波形图。

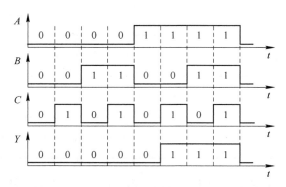

图 2-14 图 2-12 所示举重裁判电路的波形图

在实际工作中，逻辑分析仪和一些计算机仿真工具就是以波形图作为结果输出形式的，这种波形图也称为时序图（sequence diagram）。通过观察分析波形图，可以检验实际逻辑电路的功能是否正确。

思维延展

查阅相关资料，说明逻辑函数还可以用什么方法表示。

第三节 逻辑代数的基本定律和恒等式

根据前面介绍过的逻辑与、或、非三种基本运算法则可以推导出常用的逻辑代数基本定律和恒等式，见表 2-12。

表 2-12 逻辑代数的基本定律和恒等式

名称	公式 1	公式 2
0-1 律	$A + 0 = A$	$A \cdot 0 = 0$
	$A + 1 = 1$	$A \cdot 1 = A$
重叠律	$A + A = A$	$A \cdot A = A$
互补律	$A + \overline{A} = 1$	$A \cdot \overline{A} = 0$
还原律	$\overline{\overline{A}} = A$	
结合律	$(A + B) + C = A + (B + C)$	$(A \cdot B) \cdot C = A \cdot (B \cdot C)$
交换律	$A + B = B + A$	$A \cdot B = B \cdot A$

续表 2-12

名称	公式 1	公式 2
分配律	$A \cdot (B + C) = AB + AC$	$A + BC = (A + B)(A + C)$
反演律（摩根定理）	$\overline{A \cdot B \cdot C \cdots} = \overline{A} + \overline{B} + \overline{C} + \cdots$	$\overline{A + B + C + \cdots} = \overline{A} \cdot \overline{B} \cdot \overline{C} \cdots$
吸收律	$A + A \cdot B = A$	$A \cdot (A + B) = A$
	$A + \overline{A} \cdot B = A + B$	$(A + B) \cdot (A + C) = A + BC$
常用恒等式	$AB + \overline{A}C + BC = AB + \overline{A}C$	$AB + \overline{A}C + BCD = AB + \overline{A}C$

证明这些定律的有效方法是：检验等式左边和右边逻辑函数的真值表是否一致。略微复杂的公式也可以用其他更简单的公式来证明。

【例 2-1】　证明分配律 $A + BC = (A + B)(A + C)$。

证：$A + BC = A + AB + AC + BC = A(A + B) + C(A + B) = (A + B)(A + C)$

【例 2-2】　证明吸收律 $A + \overline{A} \cdot B = A + B$。

证：利用分配律有

$$A + \overline{A} \cdot B = (A + \overline{A})(A + B) = A + B$$

【例 2-3】　证明反演律 $\overline{AB} + \overline{A} + \overline{B}$ 和 $\overline{A + B} = \overline{A} \cdot \overline{B}$。

证：证明反演律可分别列出两个公式等号两边函数的真值表，见表 2-13。由于等式两边函数的真值表一致，因此两式成立。

表 2-13　反演律（摩根定理）的证明

A	B	$\overline{AB}$	$\overline{A} + \overline{B}$	$\overline{A + B}$	$\overline{A} \cdot \overline{B}$
0	0	1	1	1	1
0	1	1	1	0	0
1	0	1	1	0	0
1	1	0	0	0	0

反演律又称摩根定理，是非常重要和有用的公式，它经常用于求一个原函数的非函数或对逻辑函数进行交换。

【例 2-4】　证明常用恒等式 $AB + \overline{A}C + BC = AB + \overline{A}C$。

证：
$$AB + \overline{A}C + BC = AB + \overline{A}C + (A + \overline{A})BC$$
$$= AB + \overline{A}C + ABC + \overline{A}BC$$
$$= AB(1 + C) + \overline{A}C(1 + B) = AB + \overline{A}C$$

这个恒等式说明，若两个乘积项中分别包含因子 A 和 $\overline{A}$，而这两个乘积项的其余因子组成第三个乘积项时，则第三个乘积项是多余的，称为冗余项，可以消去。

本节所列出的基本公式反映了逻辑关系，而不是数量之间的关系，在运算中不能简单套用初等代数的运算规则。例如，初等代数中的移项规则就不能用，这是因为逻辑代数中没有减法和除法的缘故。这一点在使用时必须注意。

第四节　逻辑代数的基本定理

一、代入定理

在任何一个逻辑等式中，如果将等式两边出现的某变量 A，都用一个函数代替，则等式依然成立，这就是所谓的代入定理。

因为变量 A 仅有 0 和 1 两种可能的状态，所以无论将 $A = 0$ 还是 $A = 1$ 代入逻辑等式，等式都一定成立。而任何一个逻辑式的取值也不外 0 和 1 两种，所以用它取代式中的 A 时，等式自然也成立。因此，可以将代入定理看作无须证明的公理。

利用代入定理很容易把表 2-12 中的基本公式和常用恒等式推广为多变量的形式。

【例 2-5】　用代入定理证明摩根定理也适用于多变量的情况。

证： 已知二变量的摩根定理为

$$\overline{AB} = \overline{A} + \overline{B} \quad \text{及} \quad \overline{A + B} = \overline{A} \cdot \overline{B}$$

今以（BC）代入左边等式中 B 的位置，同时以（$B+C$）代入右边等式中 B 的位置，于是得到

$$\overline{ABC} = \overline{A} + \overline{BC} = \overline{A} + \overline{B} + \overline{C}$$

$$\overline{A + (B + C)} = \overline{A} \cdot \overline{(B + C)} = \overline{A} \cdot \overline{B} \cdot \overline{C}$$

依次类推，摩根定理对任意多个变量都成立。此外，在对复杂的逻辑式进行运算时，仍需遵守与普通代数一样的运算优先顺序，即先算括号里的内容，其次算乘法，最后算加法。

二、反演定理

对于任意一个逻辑式 L，若将其中所有的"·"换成"+"，"+"换成"·"，0 换成 1，1 换成 0，原变量换成反变量，反变量换成原变量，则得到的结果就是 $\overline{L}$。这个规律称为反演定理。

利用反演定理，可以比较容易地求出一个原函数的非函数。运用反演定理时必须注意以下两个原则：

（1）仍需遵守"先括号、然后乘、最后加"的运算优先顺序；

（2）不属于单个变量上的非号应保留不变。

【例 2-6】　试求 $L = \overline{AB} + CD + 0$ 的非函数 $\overline{L}$。

解： 按照反演定理，得

$$\overline{L} = (A + B) \cdot (\overline{C} + \overline{D}) \cdot 1 = (A + B)(\overline{C} + \overline{D})$$

【例 2-7】　若 $L = \overline{(A\overline{B} + C)} + D + C$，求 $\overline{L}$。

解： 依据反演定理可直接写出

$$\overline{L} = \overline{(\overline{A} + B) \cdot \overline{C}} \cdot \overline{D} \cdot \overline{C}$$

三、对偶定理

对于任何一个逻辑表达式 L，若将其中的"·"换成"+"，"+"换成"·"，0换成 1，1换成0，那么就得到一个新的逻辑表达式，这就是 L 的对偶式，记作 L'。变换时仍需注意保持原式中"先括号、然后乘、最后加"的运算顺序。

例如，若 $L = \overline{AB} + CD$，则 $L' = (\overline{A} + \overline{B})(C + D)$。

若两逻辑表达式相等，则它们的对偶式也相等，这就是对偶定理。

为了证明两个逻辑表达式相等，也可以通过证明它们的对偶式相等来完成，因为有些情况下证明它们的对偶式相等更加容易。

【例 2-8】 证明 $(A + B)(\overline{A} + C)(B + C) = (A + B)(\overline{A} + C)$

证： 因为

$$AB + \overline{A}C + BC = AB + \overline{A}C$$

对上式两边取对偶得

$$(A + B)(\overline{A} + C)(B + C) = (A + B)(\overline{A} + C)$$

基础夯实

（1）逻辑代数与普通代数有何异同，为什么说逻辑等式都可以用真值表证明？

（2）试求逻辑函数 $L = A + B\overline{C} + \overline{D + \overline{E}}$ 的非函数 $\overline{L}$ 和对偶式 L'。

（3）已知逻辑函数 $L = \overline{A}BCD$，用二输入与非门画出该式的逻辑电路图。

（4）已知逻辑函数 $L = A\overline{B} + \overline{A}C$，画出实现该式的逻辑电路图，限用与非门实现。

（5）逻辑函数 $F = AB + \overline{A} \cdot \overline{B}$ 的非函数 $\overline{F}$ _____，对偶式 $F' =$ _____。

（6）$AB + \overline{A}C + BC = AB + \overline{A}C$ 的对偶式为 _____。

（7）逻辑函数 $F = \overline{A} \cdot \overline{B} \cdot \overline{C} \cdot \overline{D} + A + B + C + D =$ _____。

（8）逻辑函数 $F = \overline{A\overline{B} + \overline{A}B} + \overline{A} \cdot \overline{B} + AB =$ _____。

（9）已知函数的对偶式为 $A\overline{B} + \overline{C}D + BC$，则它的原函数为 _____。

第五节　逻辑函数的化简

一、代数法简化

（一）并项法

利用 $A + \overline{A} = 1$ 的公式，将两项合并成一项，并消去一个变量。

【例 2-9】 试用并项法化简下列与–或逻辑函数表达式。

（1）$Y_1 = AB\overline{C} + ABC + A\overline{B}$

（2）$Y_2 = \overline{A}B\overline{C} + A\overline{C} + \overline{B}\overline{C}$

（3）$Y_3 = B\overline{C}D + BC\overline{D} + \overline{B}\overline{C}D + BCD$

解：

（1）$Y_1 = AB(\overline{C} + C) + A\overline{B} = AB + A\overline{B} = A(B + \overline{B}) = A$

（2）$Y_2 = \overline{A}B\overline{C} + (A + \overline{B})\overline{C} = \overline{A}B\overline{C} + \overline{\overline{A}B}\overline{C} = (\overline{A}B + \overline{\overline{A}B})\overline{C} = \overline{C}$

（3）$Y_3 = B(\overline{C}D + C\overline{D}) + B(\overline{C}D + CD) = B \cdot (C \oplus D) + B \cdot \overline{C \oplus D} = B$

（二）吸收法

利用 $A + AB = A$ 的公式，消去多余的项 AB。根据代入规则，A、B 可以是任何一个复杂的逻辑式。

【例 2-10】 试用吸收法化简下列逻辑函数表达式。

（1）$Y_1 = A\overline{B} + A\overline{B}C + A\overline{B}DEF$

（2）$Y_2 = \overline{AB} + \overline{A}D + \overline{B}E$

（3）$Y_3 = A + \overline{\overline{A} \cdot \overline{BC}} \cdot (\overline{A} + \overline{\overline{BC}} + D) + BC$

解：

（1）$Y_1 = A\overline{B} + A\overline{B}C + A\overline{B}DEF = \overline{B}(A + AC + ADEF) = A\overline{B}$

（2）$Y_2 = \overline{AB} + \overline{A}D + \overline{B}E = \overline{A} + \overline{B} + \overline{A}D + \overline{B}E = \overline{A} + \overline{B}$

（3）$Y_3 = (A + BC) + (A + BC)(\overline{A} + \overline{\overline{BC}} + D) = A + BC$

（三）消去法

利用 $A + \overline{A}B = A + B$，消去多余的因子。

【例 2-11】 试用消去法化简下列逻辑函数表达式。

（1）$Y = \overline{AB} + AC + BD$

（2）$Y = \overline{A} + AB + \overline{B}C$

解：

（1）$Y = \overline{AB} + AC + BD = \overline{A} + \overline{B} + AC + BD = \overline{A} + \overline{B} + C + D$

（2）$Y = \overline{A} + AB + \overline{B}C = \overline{A} + B + \overline{B}C = \overline{A} + B + C$

（四）配项法

（1）根据基本公式中的 $A + A = A$ 可以在逻辑函数式中重复写入某一项，有时能获得更加简单的化简结果。

【例2-12】 试化简逻辑函数 $Y = \overline{A}\,\overline{B}\,\overline{C} + \overline{A}BC + ABC$ 。

解：$Y = (\overline{A}\,\overline{B}\,\overline{C} + \overline{A}B\overline{C}) + (\overline{A}BC + ABC) = \overline{A}\,\overline{B}(C + \overline{C}) + BC(A + \overline{A}) = \overline{A}\,\overline{B} + BC$

（2）根据基本公式中的 $A + \overline{A} = 1$ 可以在函数式中的某一项乘以（$A + \overline{A}$），然后拆成两项分别与其他项合并，有时能得到更加简单的化简结果。

【例2-13】 试化简逻辑函数 $Y = A\overline{B} + \overline{A}B + B\overline{C} + \overline{B}C$ 。

解：利用配项法可将 Y 写成

$$Y = A\overline{B} + \overline{A}B(C + \overline{C}) + B\overline{C} + (A + \overline{A})\overline{B}C$$

$$= A\overline{B} + \overline{A}BC + \overline{A}B\overline{C} + B\overline{C} + A\overline{B}C + \overline{A}\,\overline{B}C$$

$$= (A\overline{B} + A\overline{B}C) + (B\overline{C} + \overline{A}B\overline{C}) + (\overline{A}BC + \overline{A}\,\overline{B}C)$$

$$= A\overline{B} + B\overline{C} + \overline{A}C$$

实际解题时，常常需要综合应用上述各种方法，才能得到函数的最简与-或表达式。代数化简法的优点是不受变量数目的限制，但它也存在明显的缺点：没有固定的步骤可循；需要熟练运用各种公式和定律；在化简一些较为复杂的逻辑函数时还需要一定的技巧和经验；有时很难判定化简结果是否最简。

基础夯实

（1）试用代数法把下列逻辑函数化简成最简"与-或"式。

1）$L_1 = AB\overline{C} + \overline{ABC} \cdot \overline{AB}$

2）$L_2 = A\overline{B} + B\overline{C} + \overline{B}C + \overline{A}B$

3）$L_3 = AD + A\overline{D} + AB + \overline{A}C + BD + A\overline{B}EF + \overline{B}EF$

4）$L_4 = AB + A\overline{C} + \overline{B}C + \overline{C}B + \overline{B}D + \overline{D}B + ADE(F + G)$

（2）已知逻辑函数为 $L = AB\overline{D} + \overline{A} \cdot \overline{B} \cdot \overline{C} + ABD + \overline{A} \cdot \overline{B} \cdot CD + \overline{A} \cdot \overline{B}CD$ 。

1）试写出其最简"与-或"式，并画出相应的逻辑图。

2）画出仅用与非门表示的逻辑图。

二、最小项表示

（一）最小项的概念

假设由 A、B、C 这3个逻辑变量构成的乘积项中，有8个被称为 A、B、C 的最小项的乘积项，它们的特点如下：每项都只有3个因子；每个变量都是它的一个因子；每个变量或以原变量（A、B、C）的形式出现，或以反（非）变量（$\overline{A}$、$\overline{B}$、$\overline{C}$）的形式出现，且各出现一次。一般情况下，对 n 个变量来说，最小项共有 2^n 个，如 $n = 3$ 时，最小项就有 $2^3 = 8$ 个。

（二）最小项的性质

为了分析最小项的性质，表 2-14 列出 3 个变量的所有最小项的真值表。

表 2-14　3 个变量所有最小项真值表

A	B	C	$\bar{A}\cdot\bar{B}\cdot\bar{C}$	$\bar{A}\cdot\bar{B}C$	$\bar{A}B\bar{C}$	$\bar{A}BC$	$A\bar{B}\cdot\bar{C}$	$A\bar{B}C$	$AB\bar{C}$	ABC
0	0	0	1	0	0	0	0	0	0	0
0	0	1	0	1	0	0	0	0	0	0
0	1	0	0	0	1	0	0	0	0	0
0	1	1	0	0	0	1	0	0	0	0
1	0	0	0	0	0	0	1	0	0	0
1	0	1	0	0	0	0	0	1	0	0
1	1	0	0	0	0	0	0	0	1	0
1	1	1	0	0	0	0	0	0	0	1

由此可见，最小项具有下列性质：对于任意一个最小项，只有一组变量取值使得它的值为 1，而在变量取其他各组值时，这个最小项的值都是 0；不同的最小项，使它的值为 1 的那一组变量取值也不同；对于变量的任一组取值而言，任意两个最小项的乘积为 0；对于变量的任一组取值而言，全体最小项之和为 1。

（三）最小项的编号

最小项通常用 m_i 表示，下标 i 即是最小项编号，用十进制数表示。以 $\bar{A}BC$ 为例，因为它和 011 相对应，所以就称 $\bar{A}BC$ 是和变量取值 011 相对应的最小项，而 011 相当于十进制中的 3，所以把 $\bar{A}BC$ 记为 m_3。按此原则，3 个变量的最小项编号见表 2-15。

表 2-15　3 个变量最小项编号

最小项	变量取值			十进制数	表示符号
	A	B	C		
$\bar{A}\bar{B}\bar{C}$	0	0	0	0	m_0
$\bar{A}\bar{B}C$	0	0	1	1	m_1
$\bar{A}B\bar{C}$	0	1	0	2	m_2
$\bar{A}BC$	0	1	1	3	m_3
$A\bar{B}\bar{C}$	1	0	0	4	m_4
$A\bar{B}C$	1	0	1	5	m_5
$AB\bar{C}$	1	1	0	6	m_6
ABC	1	1	1	7	m_7

（四）最小项的表达式

利用逻辑代数的基本公式，可以把任一个逻辑函数转化成一组最小项之和的形式，称为最小项表达式，也称标准与或式。下面举例说明把逻辑表达式展开为最小项表达式的方法。

【例 2-14】　将 $L(A，B，C) = AB + \overline{A}C$ 转化成最小项表达式。

解：$L(A，B，C) = AB(C + \overline{C}) + \overline{A}C(B + \overline{B}) = ABC + AB\overline{C} + \overline{A}BC + \overline{A} \cdot \overline{B}C$

$$= \sum m(1，3，6，7)$$

三、卡诺图法化简

（一）卡诺图构成原则

卡诺图是把最小项按照一定规则排列而构成的方框图。构成卡诺图的原则是，n 个变量的卡诺图有 2^n 个小方块（最小项），最小项排列规则是几何相邻的必须逻辑相邻。"逻辑相邻"是指两个最小项只有一个变量的形式不同，其余的都相同，逻辑相邻的最小项可以合并。"几何相邻"的含义主要有以下几点："相邻"是指紧挨的；"相对"是指任一行或一列的两头；"相重"是指对折起来后位置相重，在 5 变量和 6 变量的卡诺图中，用相重来判断某些最小项的几何相邻性，其优点是十分突出的。

（二）卡诺图的画法

三变量卡诺图的其中一种画法如图 2-15 所示。三变量卡诺图中有 8 个小方块；几何相邻的必须逻辑相邻，变量的取值按 00、01、11、10 的顺序（循环码）排列。

四变量卡诺图的其中一种画法如图 2-16 所示。在这里卡诺图的"逻辑相邻"为：上下相邻（如 m_2 和 m_{10}），左右相邻（如 m_{12} 和 m_{14}），"二对二""四对四"及其他相关也是成立的。需要特别强调的是，这里 4 个对角是相邻的，即 m_0、m_2、m_8 和 m_{10} 是逻辑相邻的，而两条对角线上是不相邻的，如 m_1 和 m_4。

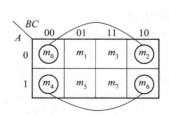

图 2-15　三变量卡诺图的一种画法

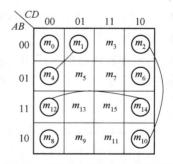

图 2-16　四变量卡诺图的一种画法

【例 2-15】　用卡诺图来表示下列逻辑函数。

$(1) L_1(A，B，C，D) = \sum m(0，1，2，3，4，8，10，11，14，15)$

$(2) L_2 = AB + A\overline{C}$

解：（1）确定此式为一个四变量表达式，所以先画出四变量卡诺图形式，然后在对应的最小项位置填写 1，剩下的部分就补上 0，结果如图 2-17 所示。

AB \ CD	00	01	11	10
00	1	1	1	1
01	1	0	0	0
11	0	0	1	1
10	1	0	1	1

图 2-17 例 2-15（1）的结果

（2）对这类问题，实际表示中采用按项直接填入的方法进行，具体是找到组合起来的对应原变量（或反变量）位置，存在的项所对应的格子全部填 1，其余为 0。

（三）用卡诺图化简逻辑函数

（1）利用卡诺图法化简的基本步骤：先画出逻辑函数的卡诺图；然后合并相邻最小项（画圈）；从所画的圈中写出最简“与-或”表达式，这一点的关键是能否正确画圈。

（2）正确画圈的原则：必须按 2，4，8，…，2^n 的规律来圈取值为 1 的相邻最小项；每个取值为 1 的相邻最小项必须至少圈一次，但可以圈多次；圈的个数要最少（与项最少），并要尽可能大（消去的变量越多）。

（3）从所画的各个圈中写最简“与-或”表达式的方法：将每个圈用一个与项表示，圈内各最小项中互补的因子消去，相同的因子保留；相同取值为 1 用原变量，相同取值为 0 用反变量；将各与项相或，便得到最简“与-或”表达式。

用卡诺图法化简逻辑函数简单、直观，特别适合于四变量及以下逻辑丽数的化简。卡诺图法化简不存在难以判断结果是否已经是最简的问题，只要遵循画圈规则，得到的结果肯定是最简的。

【例 2-16】 用卡诺图法化简逻辑函数 $L(A, B, C, D) = \sum m(0, 1, 2, 3, 4, 5, 6, 7, 8, 10, 11)$。

解：（1）画出逻辑函数的卡诺图表示形式，如图 2-18 所示。

（2）画圈，画了 1、2、3 三个圈，画完后的结果如图 2-19 所示。

AB \ CD	00	01	11	10
00	1	1	1	1
01	1	1	1	1
11	0	0	0	0
10	1	0	1	1

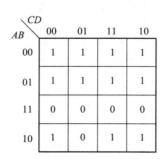

图 2-18 逻辑函数的卡诺图表示形式

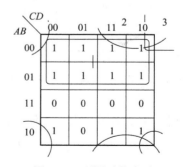

图 2-19 画圈后的表示

（3）从所画的各个圈中写出最简“与-或”表达式，关键是找共同项，每个圈为一个与项，最后把所有的与项相或即可。

第 1 个圈中的共同项是 $\overline{A}$ ，第二个圈中的共同项是 $\overline{B}C$ ，第三个圈中的共同项是 $\overline{B} \cdot \overline{D}$ ，所以最简"与–或"表达式为 $L(A,\ B,\ C,\ D) = \overline{A} + \overline{B}C + \overline{B} \cdot \overline{D}$ 。

基础夯实

用卡诺图法试把下列逻辑表达式化简成最简"与–或"式。

（1）$L_1(A,\ B,\ C,\ D) = \sum m(0,\ 2,\ 5,\ 7,\ 8,\ 10,\ 13,\ 15)$

（2）$L_2(A,\ B,\ C,\ D) = \sum m(0,\ 1,\ 2,\ 5,\ 6,\ 8,\ 9,\ 10,\ 13,\ 14)$

（3）$L_3(A,\ B,\ C,\ D) = \sum m(0,\ 2,\ 4,\ 6,\ 9,\ 13) + \sum d(1,\ 3,\ 5,\ 7,\ 11,\ 15)$

（4）$L_4(A,\ B,\ C,\ D) = \sum m(0,\ 13,\ 14,\ 15) + \sum d(1,\ 2,\ 3,\ 9,\ 10,\ 11)$

能力提升

（1）代数法化简（求最简"与–或"式）。

1）$F_1 = ABD + A\overline{B} + B\overline{C} \cdot \overline{D} + \overline{A}\overline{B}CD$

2）$F_2 = AB + \overline{A}C + \overline{B}C + \overline{C}D + \overline{D}$

3）$F_3 = AB + \overline{A}C + \overline{B}C + \overline{A}\overline{B}CD$

4）$F_4 = \overline{A} \cdot \overline{B} \cdot \overline{C} + A + B + C$

5）$F_5 = \overline{A} + ABC + A\overline{B}\overline{C} + \overline{B}C + BC$

6）$F_6 = AD + A\overline{D} + AB + \overline{A}C + BD + A\overline{B}EF + \overline{B}EF$

7）$F_7 = A\overline{B} \cdot \overline{C} + \overline{A} \cdot \overline{B} + \overline{A}D + C + BD$

8）$F_8 = (A \oplus B) \cdot C + ABC + \overline{A} \cdot \overline{B}C$

9）$F_9 = \overline{\overline{AC} + \overline{\overline{A}BC} + \overline{B}C + AB\overline{C}}$

10）$F_{10} = \overline{A}B + A\overline{B} + ABCD + \overline{A} \cdot \overline{B}CD$

11）$F_{11} = AB + \overline{A}C + B\overline{C}$

12）$F_{12} = A\overline{C} + ABC + AC\overline{D} + CD$

13）$F_{13} = A + \overline{A}BCD + A\overline{B} \cdot \overline{C} + BC + \overline{B}C$

14）$F_{14} = \overline{\overline{\overline{A} + B} + \overline{\overline{A} + B} + \overline{AB} \cdot \overline{A}\overline{B}}$

15）$F_{15} = (A \oplus B)AB + \overline{\overline{A} \cdot \overline{B} + AB}$

（2）卡诺图法化简（求最简"与-或"式）。

1）$F_1(A, B, C, D) = \sum m(4, 6, 13, 15) + \sum d(1, 3, 5, 11, 12)$

2）$F_2(A, B, C, D) = \sum m(0, 2, 4, 5, 6, 7, 12) + \sum d(8, 10)$

3）$F_3(A, B, C, D) = \sum m(1, 4, 11, 14) + \sum d(3, 6, 9, 12)$

4）$F_4(A, B, C, D) = \sum m(4, 6, 10, 13, 15) + \sum d(0, 1, 2, 5, 7, 8)$

5）$F_5(A, B, C, D) = \sum m(0, 6, 9, 10, 12, 15) + \sum d(2, 7, 8, 11, 13, 14)$

6）$F_6 = A\overline{B}C\overline{D} + \overline{A}BC\overline{D} + \overline{A}B\overline{C} + \overline{A} \cdot \overline{B} \cdot \overline{D}$，且约束条件为 $AB + CD = 0$

（3）已知逻辑函数的真值表见表 2-16，试写出对应的逻辑函数式。

表 2-16 　（3）真值表

A	B	C	Y
0	0	0	1
0	0	1	0
0	1	0	1
0	1	1	0
1	0	0	0
1	0	1	1
1	1	0	1
1	1	1	0

（4）列出下列逻辑函数的真值表。

1）$Y = A\overline{B} + BC + AB\overline{C}$

2）$Y = \overline{B}CD + (\overline{A \oplus C})D + AD$

（5）已知逻辑函数的波形图如图 2-20 所示，试列出真值表，写出逻辑函数式，绘制逻辑图。

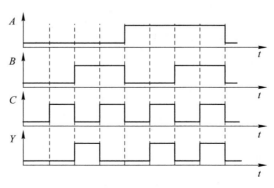

图 2-20 　（5）波形图

（6）写出图 2-21 所示卡诺图所表示的逻辑函数式。

AB\CD	00	01	11	10
00	0	1	1	0
01	1	1	0	0
11	1	0	0	1
10	0	0	0	0

图 2-21 （6）卡诺图

第三章　组合逻辑电路

学习目标

（1）理解组合逻辑电路的基本概念。

（2）掌握组合逻辑电路的分析方法和设计方法。

（3）掌握5种常用的中规模集成组合逻辑电路为编码器、译码器、数据选择器、加法器和减法器、数值比较器。

（4）理解并掌握竞争–冒险现象的检查和消除方法。

本章导视

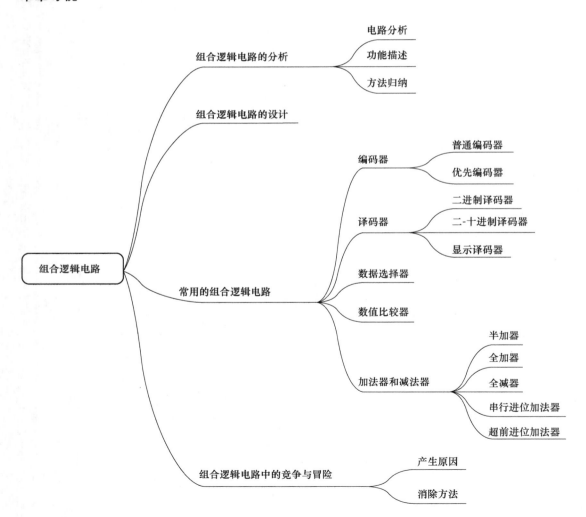

引言

由多个基本逻辑门电路按照一定的逻辑关系连接而成的电路称为组合逻辑电路。组合逻辑电路的特点是，电路的输出状态在任何时刻只取决于同一时刻的输入状态，而与电路原来的状态无关。组合逻辑电路的一般框图如图 3-1 所示，其输入与输出之间的逻辑关系可用逻辑函数来描述，即

$$Y_i = f(X_1, X_2, \cdots, X_n)(i = 1, 2, \cdots, n) \tag{3-1}$$

式中，X_1，X_2，$\cdots$，X_n 为办理入变量。

图 3-1 组合逻辑电路的一般框图

随着半导体制造微型化技术的发展，可以将多个不同类型的逻辑门电路集成在一块半导体硅片上，构成更复杂的组合逻辑电路，诸如编码器、译码器、数据比较器和数据选择器等。有了这些具有专门功能的集成电路，工程师们在进行电子系统设计时，就可以方便地选择自己需要的各种器件。

本章先介绍一般组合逻辑电路的分析和设计方法，然后介绍几种典型的组合逻辑器件；通过分析这些器件的结构和逻辑功能，掌握这些器件的基本应用方法，为后续学习复杂的数字系统设计打好基础。

第一节　组合逻辑电路的分析

在数字系统中，根据逻辑功能和电路结构的不同特点，数字电路可分为两大类：一类是组合逻辑电路（简称组合电路），另一类是时序逻辑电路（简称时序电路）。本章介绍组合逻辑电路，时序逻辑电路将在后续章节中介绍。所谓组合逻辑电路是指：在任何时刻，逻辑电路的输出状态只与同一时刻各输入状态的组合有关，而与前一时刻的输出状态无关。

组合逻辑电路是由基本的逻辑门通过导线相互连接而成的，它究竟能实现什么功能，直接从电路图表面似乎看不出来，但可以根据电路图中的器件和器件之间的连接关系，分析出电路的功能。这里分析的对象是组合逻辑电路图，结果是对电路功能的描述。

一、电路分析

图 3-2 所示的组合逻辑电路由 4 个与非门和 1 个非门搭建，认为它是一个逻辑电路是因为电路的两个输入变量 A、B 与输出变量 Y、C 之间满足一定的逻辑函数关系。根据与非门、非门本身的逻辑功能，对电路可以进行以下分析。

（1）假定某一状态，A 变量为 1，B 变量为 0。那么此时 G_1 与非门的输出即是 1，由于 G_1 与非门的输出又连接到 G_2、G_3 和 G_4 的输入，因此对于 G_4 非门来说，输入为 1，输

出即为 0,所以此时 C 变量为 0。而 G_2、G_3 与非门的输出还要考虑另一个引脚上的输入,先考虑 G_2,G_2 的另一个引脚直接连接到 A,而此时 A 为 1,则 G_2 的两个引脚输入都是 1,所以它的输出是 0;再考虑 G_3,G_3 的另一个引脚直接连接到 B,而此时 B 为 0,则 G_3 的输出为 1。分析 G_5 与非门的输出,由于 G_5 的输入分别来自 G_2 的输出和 G_3 的输出,即此时 G_5 的输入为 0 和 1,则 G_5 的输出为 1,即 Y 变量为 1。

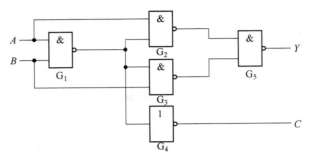

图 3-2 由与非门和非门组成的组合逻辑电路图

为了更清晰地表达以上分析结果,可以在图 3-2 上从左到右用 0 和 1 直接在各门电路的输入、输出引脚上标出各级门电路的逻辑运算结果,如图 3-3 所示。

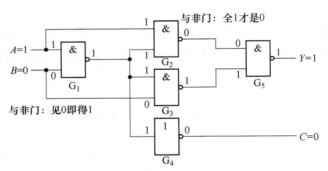

图 3-3 $A=1$、$B=0$ 状态时,电路的输出结果分析图

(2)假定另一状态,A 变量为 0,B 变量为 1。那么用同样的分析方法,可以得到如图 3-4 所示的结果。对于 A、B 两个变量来说,除了上面所述的两种输入状态之外,还有 A、B 全为 0 和全为 1 两种状态,这两种状态的输出结果,读者可以自行分析。

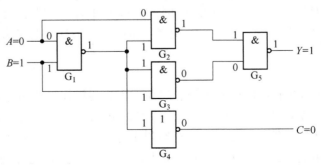

图 3-4 $A=0$、$B=1$ 状态时,电路的输出结果分析图

（3）由对于以上电路的 4 种不同输入状态，电路都有相应的输出结果，可以用逻辑功能真值表把电路的不同输入、输出状态完整地表达出来，见表 3-1。

用逻辑功能真值表来描述一个数字电路的功能是一种常用且有效的方法，今后我们会经常应用。

表 3-1 图 3-2 所示组合逻辑电路的逻辑功能真值表

输入		输出	
A	B	C	Y
0	0	0	0
1	0	0	1
0	1	1	1
1	1	0	0

二、功能描述

根据表 3-1 中输入、输出变量之间的关系，可以进一步得到电路的以下逻辑函数表达式。

$$Y = A \oplus B \tag{3-2}$$

$$C = AB \tag{3-3}$$

从以上两式可以看出，该电路实际上是一个两位二进制数的加法电路，A、B 为加数，Y 为和数，C 为向高一位进位的信号。此电路因没有考虑比其再低一位的加法电路的进位，所以只能算是一个一位数的"半加器"电路。

三、方法归纳

组合逻辑电路分析的目的是要得到电路输入与输出变量的逻辑关系。上述电路分析过程采用了假定一组输入状态导出输出结果的方法，这种方法虽然直观实用，但不具有一般性。在数字电路中常采用逻辑代数化简的方法来分析一个电路的逻辑功能，具体步骤如下。

（1）根据给定的逻辑电路，从输入端开始，逐级推导出输出变量的逻辑代数表达式。

（2）化简逻辑代数表达式，得到输入、输出变量之间最简的逻辑代数表达式。

（3）根据化简后的逻辑代数表达式，列出电路的逻辑功能真值表。

（4）确定电路的逻辑功能。

【例 3-1】 下面采用逻辑代数化简的分析方法，对图 3-5 所示的组合逻辑电路进行分析。

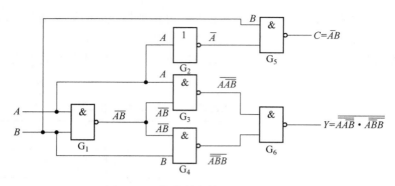

图 3-5　逻辑代数推算法分析电路图

解：（1）写出电路的输出变量 Y 和 C 的逻辑代数式，即

$$Y = \overline{\overline{\overline{A\overline{AB}}} \cdot \overline{\overline{ABB}}} \tag{3-4}$$

$$C = \overline{A}B \tag{3-5}$$

（2）化简 Y 和 C 变量的逻辑代数，方法如下。

$$Y = \overline{\overline{\overline{A\overline{AB}}} \cdot \overline{\overline{ABB}}}$$

$$= \overline{\overline{\overline{A\overline{AB}}}} + \overline{\overline{\overline{ABB}}}$$

$$= A\overline{AB} + \overline{AB}B$$

$$= A(\overline{A} + \overline{B}) + (\overline{A} + \overline{B})B$$

$$= A\overline{B} + \overline{A}B$$

$$= A \oplus B$$

$$C = \overline{A}B$$

（3）根据上述逻辑代数式列出图 3-5 所示组合逻辑电路的逻辑功能真值表，见表 3-2。

表 3-2　图 3-5 所示组合逻辑电路的逻辑功能真值表

输入		输出	
A	B	C	Y
0	0	0	0
1	0	0	1
0	1	1	1
1	1	0	0

（4）确定电路的逻辑功能，由真值表可见，当 A、B 两个变量输入的电平值相同时，输出变量 C、Y 都为 0；当 A、B 两个变量的输入不同时，Y 输出变量得到高电平，而 C 变量就要视 A、B 变量的大小而定，$A>B$ 时，C 输出变量为 0，$A<B$ 时，C 输出变量为 1。根据这一分析结果，可以确定该电路为一个一位数的"半减器"电路，其中 A 为被减数，B 为减数，Y 为差值，C 为本位向高一位要求"借位"的信号。

第二节　组合逻辑电路的设计

一、设计步骤

根据实际逻辑问题设计出能够实现该逻辑功能的最简单的逻辑电路，就是组合逻辑电路设计要完成的工作，设计是分析的逆过程。所谓最简的含义是指设计出的电路所用的元器件数目最少。所用元器件的种类最少，而且元器件之间的连线也最少。

组合逻辑电路设计一般可按以下步骤进行。

（1）将文字描述的命题转换成真值表，即逻辑抽象，在分析命题的设计要求和功能需求的基础上，确定输入、输出变量，并用二进制的 0、1 两种状态确定变量的具体含义，然后再根据输入、输出变量之间的逻辑关系列出逻辑功能真值表。

（2）根据逻辑功能真值表写出逻辑表达式，并按照使用逻辑门的类型和个数最少的原则和目标进行化简。

（3）选择器件，画出逻辑电路图。

二、设计实例

假设有一个火灾报警系统，系统中装有烟雾传感器、温度传感器和紫外线传感器 3 种类型的火灾探测器。为了防止误报警，设定只有当其中有两种或两种以上类型的探测器发出火警信号时，系统才产生报警信号。要求设计一个报警的控制电路，可以通过以下步骤来设计这个逻辑电路。

（1）确定电路的输入、输出变量，假设用 A 表示烟雾传感器产生的信号，B 表示温度传感器的信号，C 表示紫外线传感器发出的信号，用 Y 表示报警系统输出的控制信号，即输入变量为 A、B、C，输出变量为 Y，并规定变量值为 1 时有信号产生，变量值为 0 时无信号产生。根据系统的设计要求，列出输入变量和输出变量之间的逻辑功能真值表，见表 3-3。

表 3-3　火警报警系统的逻辑功能真值表

输入			输出
A	B	C	Y
0	0	0	0
0	0	1	0
0	1	0	0
0	1	1	1
1	0	0	0
1	0	1	1
1	1	0	1
1	1	1	1

（2）根据表 3-3 写出逻辑代数表达式。

$$Y = \overline{A}BC + A\overline{B}C + AB\overline{C} + ABC \qquad (3\text{-}6)$$

对式（3-6）进行化简，并用与非逻辑来表示，则电路的设计会变得更简洁。

$$Y = \overline{A}BC + A\overline{B}C + AB\overline{C} + ABC$$
$$= AB + AC + BC \qquad (3\text{-}7)$$
$$= \overline{\overline{AB} \cdot \overline{AC} \cdot \overline{BC}}$$

（3）根据式（3-7）来设计该火警报警逻辑电路，如图 3-6 所示，电路只需用与非门一种类型的逻辑门电路，电路整体结构也变得更简单。

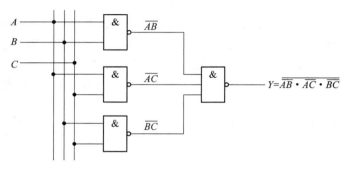

图 3-6　由与非门搭建的火警报警逻辑电路

基础夯实

（1）分析图 3-7 所示组合逻辑电路的功能，要求写出其逻辑表达式，列出其逻辑功能真值表，并说明电路的逻辑功能。

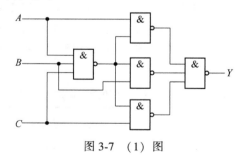

图 3-7　（1）图

（2）分析图 3-8 所示组合逻辑电路，写出 L 的逻辑表达式，列出其逻辑功能真值表，并说明电路的逻辑功能。

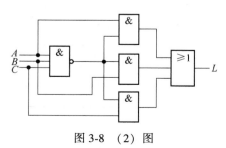

图 3-8　（2）图

第三节 常用的组合逻辑电路

随着微电子技术的发展，许多常用的组合逻辑电路具有可选的集成模块，不需要再用门电路设计。本节将介绍由门电路组成的集成模块，如编码器、译码器、数据选择器、数值比较器、加法器等常用组合逻辑集成电路，并讨论这些集成电路的逻辑功能、实现原理及应用方法。

一、编码器

一般地说，用文字、符号或者数字表示特定对象或信号的过程都可以称为编码。在二值逻辑电路中，信号都是以高、低电平的形式给出的，而数字系统中存储或处理的信息，常常是用二进制码表示的。因此，编码器（Encoder）的逻辑功能就是将输入的高、低电平信号编成对应的二进制代码。图 3-9 所示为二进制编码器的结构框图，它有 n 位二进制码输出，与 2^n 个输入相对应。从逻辑功能的特点上可以将编码器分成普通编码器和优先编码器两类。

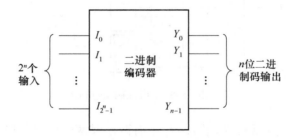

图 3-9　二进制编码器的结构框图

（一）普通编码器

在普通编码器中，任何时刻只允许输入一个编码信号，否则输出将发生混乱。

下面以 4 线–2 线编码器为例，说明普通编码器的工作原理。4 线–2 线编码器真值表见表 3-4。四个输入 $I_0 \sim I_3$ 为高电平有效信号，输出是两个二进制代码 $Y_1 Y_0$，任何时刻 $I_0 \sim I_3$ 中只能有一个取值为 1，并且有一组对应的二进制码输出。除表 3-4 中列出的四个输入变量的四种取值组合有效外，其余 12 种组合所对应的输出均应为 0。对于输入或输出变量，凡取 1 值的用原变量表示，取 0 值的用反变量表示，由真值表可以得到如下逻辑表达式：

$$Y_1 = \overline{I_0}\,\overline{I_1}\,I_2\,\overline{I_3} + \overline{I_0}\,\overline{I_1}\,\overline{I_2}\,I_3$$

$$Y_0 = \overline{I_0}\,I_1\,\overline{I_2}\,\overline{I_3} + \overline{I_0}\,\overline{I_1}\,\overline{I_2}\,I_3$$

根据逻辑表达式画出逻辑图，如图 3-10 所示。

表 3-4　4 线−2 线编码器真值表

输入				输出	
I_0	I_1	I_2	I_3	Y_1	Y_0
1	0	0	0	0	0
0	1	0	0	0	1
0	0	1	0	1	0
0	0	0	1	1	1

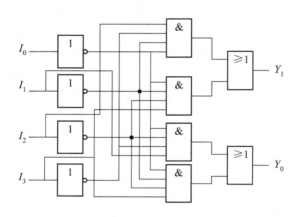

图 3-10　4 线−2 线编码器逻辑图

上述编码器存在一个问题，如果 $I_0 \sim I_3$ 中有两个或两个以上的取值同时为 1，输出会出现错误编码。例如，I_2 和 I_3 同时为 1 时，$Y_1 Y_0$ 为 00，此时输出既不是对 I_2 或 I_3 的编码，更不是对 I_0 的编码。在实际应用中，经常会遇到两个或更多个输入编码信号同时有效的情况，此时必须根据轻重缓急，规定好这些信号的先后次序，即优先级别。识别多个编码请求信号的优先级别，并进行相应编码的逻辑部件称为优先编码器。

（二）优先编码器

优先编码器（Priority Encoder）允许同时输入两个及两个以上的有效编码信号。当同时输入几个有效编码信号时，优先编码器能按预先设定的优先级别，只对其中优先权最高的一个进行编码，所以不会出现编码混乱。这种编码器广泛应用于计算机系统的中断请求和数字控制的排队逻辑电路中。

1. 4 线−2 线

4 线−2 线优先编码器的其值表见表 3-5。由表 3-5 可知 $I_0 \sim I_3$ 的优先级别。例如，对于 I_0，只有当 I_1、I_2、I_3 均为 0，即均无有效电平输入，且 I_0 为 1 时，输出为 00。对于 I_3，无论其他三个输入是否为有效电平输入，输出均为 11，由此可知 I_3 的优先级别高于 I_0 的优先级别。这四个输入的优先级别的高低次序依次为 I_3、I_2、I_1、I_0。

表 3-5 4 线−2 线优先编码器真值表

输入				输出	
I_0	I_1	I_2	I_3	Y_1	Y_0
1	0	0	0	0	0
×	1	0	0	0	1
×	×	1	0	1	0
×	×	×	1	1	1

由表 3-5 可以列出优先编码器的逻辑表达式为

$$Y_1 = I_2 \bar{I_3} + I_3 = I_2 + I_3$$

$$Y_0 = I_1 \bar{I_2} \bar{I_3} + I_3 = I_1 \bar{I_2} + I_3$$

由于真值表里包括了无关项,所以逻辑表达式比前面介绍的普通编码器简单。

上述两种类型的编码器都存在同一个问题,当电路所有的输入为 0 时,输出 Y_1Y_0 均为 0,而当 I_0 为 1 时,输出 Y_1Y_0 也全为 0,即输入条件不同而输出代码相同。这两种情况在实际中必须加以区分,解决的方法将在下面例题中介绍。

【例 3-2】 计算机的键盘输入逻辑电路就是由编码器组成的。图 3-11 所示是用十个按键和门电路组成的 8421BCD 码编码器,其真值表见表 3-6,十个按键的输入信号 $S_0 \sim S_9$ 分别对应十进制数 0~9,编码器的输出为 A、B、C、D 和 GS,试分析该电路的工作原理及 GS 的作用。

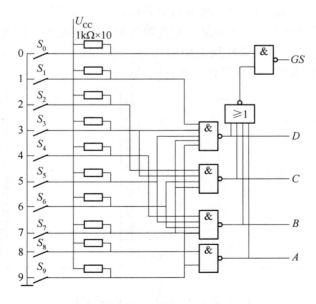

图 3-11 用 10 个按键和门电路组成的 8421BCD 码编码器

表 3-6　10 个按键 8421BCD 码编码器真值表

输入										输出				
S_9	S_8	S_7	S_6	S_5	S_4	S_3	S_2	S_1	S_0	A	B	C	D	GS
1	1	1	1	1	1	1	1	1	1	0	0	0	0	0
1	1	1	1	1	1	1	1	1	0	0	0	0	0	1
1	1	1	1	1	1	1	1	0	1	0	0	0	1	1
1	1	1	1	1	1	1	0	1	1	0	0	1	0	1
1	1	1	1	1	1	0	1	1	1	0	0	1	1	1
1	1	1	1	1	0	1	1	1	1	0	1	0	0	1
1	1	1	1	0	1	1	1	1	1	0	1	0	1	1
1	1	1	0	1	1	1	1	1	1	0	1	1	0	1
1	1	0	1	1	1	1	1	1	1	0	1	1	1	1
1	0	1	1	1	1	1	1	1	1	1	0	0	0	1
0	1	1	1	1	1	1	1	1	1	1	0	0	1	1

解： 由真值表和逻辑图可知，该编码器输入为低电平有效；在按下 $S_0 \sim S_9$ 中的任意一个键时，即输入信号中有一个为低电平时 $GS=1$，表示有信号输入，而只有 $S_0 \sim S_9$ 均为高电平时 $GS=0$，表示无信号输入，此时的输出代码 0000 为无效代码。由此解决了图 3-10 所示电路存在的输入条件不同而输出代码相同的问题。

2. 8 线－3 线

8 线－3 线优先编码器 CD4532 的逻辑符号和引脚图分别如图 3-12 (a) 和图 3-12 (b) 所示。集成芯片引脚的这种排列方式称为双列直插式封装。

CD4532 的功能表见表 3-7。从功能表可以看出，该编码器有八个信号输入端，三个二进制码输出端。输入端均为高电平有效，而且输入优先级别的次序依次为 I_7，I_6，$\cdots$，I_0。此外，为便于多个芯片连接起来扩展电路的功能，还设置了高电平有效的输入使能端 EI 和输出使能端 EO，以及优先编码工作状态标志 GS。

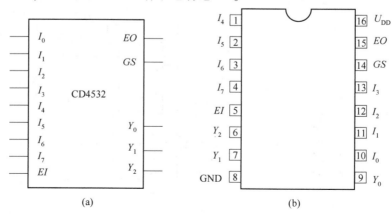

图 3-12　CD4532 的逻辑符号和引脚排列

（a）逻辑符号；（b）引脚排列

表 3-7　CD4532 的功能表

输入									输出				
EI	I_7	I_6	I_5	I_4	I_3	I_2	I_1	I_0	Y_2	Y_1	Y_0	GS	EO
L	×	×	×	×	×	×	×	×	L	L	L	L	L
H	L	L	L	L	L	L	L	L	L	L	L	L	H
H	H	×	×	×	×	×	×	×	H	H	H	H	L
H	L	H	×	×	×	×	×	×	H	H	L	H	L
H	L	L	H	×	×	×	×	×	H	L	H	H	L
H	L	L	L	H	×	×	×	×	H	L	L	H	L
H	L	L	L	L	H	×	×	×	L	H	H	H	L
H	L	L	L	L	L	H	×	×	L	H	L	H	L
H	L	L	L	L	L	L	H	×	L	L	H	H	L
H	L	L	L	L	L	L	L	H	L	L	L	H	L

注："L"表示低电平，"H"表示高电平，"×"表示任意状态，后同。

当 EI 为高电平时，编码器工作；而当 EI 为低电平时，编码器禁止工作，此时无论八个输入端为何种状态，三个输出端均为低电平，且 GS 和 EO 均为低电平。

EO 只有在 EI 为高电平，且所有输入端均为低电平时，输出为高电平，它可以与另一片相同器件的 EI 连接，以便组成更多输入端的优先编码器。

GS 的功能是，当 EI 为高电平，且至少有一个输入端有高电平信号输入时，GS 为高电平，表明编码器处于工作状态，否则 GS 为低电平，由此可知 GS 为一种工作标志。

【例 3-3】 用两片 CD4532 构成 16 线–4 线优先编码器，其逻辑图如图 3-13 所示，试分析其工作原理。

解： 根据 CD4532 的功能表，可知：

当 $EI_1 = 0$ 时，片（1）禁止编码，其输出端 $Y_2Y_1Y_0$ 为 000，而且 GS_1、EO_1 均为 0。同时 EO_1 使 $EI_0 = 0$，片（0）也禁止编码，其输出端及 CS_0、EO_0 均为 0。由电路图可知，$GS = GS_0 + GS_1 = 0$，表示此时整个电路的代码输出端 $L_3L_2L_1L_0 = 0000$ 是非编码输出。

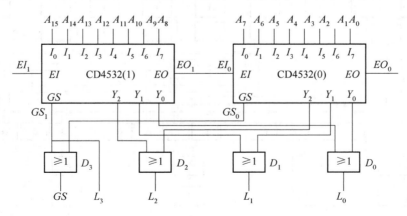

图 3-13　例 3-3 的逻辑图

当 $EI_1=1$ 时，片（1）允许编码，若 $A_{15} \sim A_8$ 均为无效电平，则 $EO_1=1$，使 $EI_0=1$，从而允许片（0）编码，因此片（1）的优先级高于片（0）。此时由于 $A_{15} \sim A_8$ 没有有效电平输入，片（1）的输出端均为0，使四个或门 $D_3 \sim D_0$ 都打开，$L_3L_2L_1L_0$ 取决于片（0）的输出，而 $L_3=GS_1$ 总是等于0，所以输出代码在0000～0111之间变化。若只有 A_0 有高电平输入，输出为000，若 A_7 及其他输入同时有高电平输入，则输出为0111。A_0 的优先级别最低。

当 $EI_1=1$ 且 $A_{15} \sim A_8$ 中至少有一个为高电平输入时，$EO_1=0$，使 $EI_0=0$，片（0）禁止编码，此时 $L_3=GS_1=1$，$L_3L_2L_1L_0$ 取决于片（1）的输出，输出代码在1000～1111之间变化。A_{15} 的优先级别最高。

整个电路实现了16位输入的优先编码，优先级别从 $A_{15} \sim A_0$ 依次递减。

3. 10 线-4 线

74147 和 CD40147 都是10线-4线的优先编码器，电路的外部引脚排列如图3-14（a）和（b）所示。

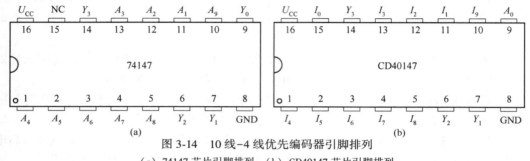

图 3-14　10 线-4 线优先编码器引脚排列

（a）74147 芯片引脚排列；（b）CD40147 芯片引脚排列

74147 优先编码器是低电平输入有效，当其输入端 $A_1 \sim A_9$ 有低电平信号时，输出端 $Y_0 \sim Y_3$ 有对应的4位二进制编码（BCD码）输出，输入端 A_9 的优先级最高，输入端 A_1 的优先级最低，从 A_1 到 A_9 其优先权依次递增。74147 的逻辑功能真值表见表3-8，其内部电路如图3-15所示。CD40147 的逻辑功能与74147类似，读者可以自己查看相关数据手册学习。

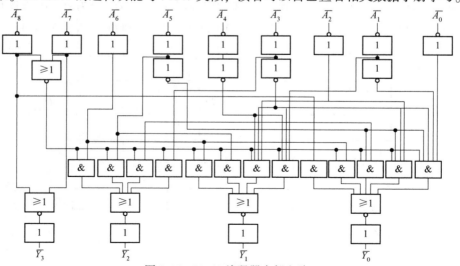

图 3-15　74147 编码器内部电路

表 3-8　74147 的逻辑功能真值表

输入									输出			
A_1	A_2	A_3	A_4	A_5	A_6	A_7	A_8	A_9	Y_3	Y_2	Y_1	Y_0
H	H	H	H	H	H	H	H	H	H	H	H	H
×	×	×	×	×	×	×	×	L	L	H	H	L
×	×	×	×	×	×	×	L	H	L	H	H	H
×	×	×	×	×	×	L	H	H	H	L	L	L
×	×	×	×	×	L	H	H	H	H	L	L	H
×	×	×	×	L	H	H	H	H	H	L	H	L
×	×	×	L	H	H	H	H	H	H	L	H	H
×	×	L	H	H	H	H	H	H	H	H	L	L
×	L	H	H	H	H	H	H	H	H	H	L	H
L	H	H	H	H	H	H	H	H	H	H	H	L

注："H"表示高电平 1，"L"表示低电平 0，"×"表示无效状态。

【例 3-4】　应用 74147 对计算器的数字键盘进行编码。

解：74147 优先编码器可以满足 9 路信号的编码，其产生的编码值符合 BCD 码的编码规则。因此应用 74147 可以对一个计算器的数字键盘进行编码，数字键盘的每个数字键都可以用一个按键开关和上拉电阻组成低电平信号产生电路。如图 3-16 所示，当按钮没按下时，X_0 通过上拉电阻 R 连接到+5V 电源，此时输出为高电平 1，若按钮被按下，则 X_0 通过按钮与地（GND）连接，X_0 输出为低电平 0。选择这样的 10 个按钮电路组成计算器的数字键盘，然后应用 74147 编码器进行编码，就可以使不同的按钮按下时，产生不同的 4 位二进制编码值。

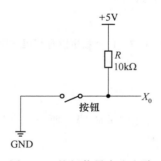

图 3-16　按钮信号产生电路

如图 3-17 所示，用 74147 芯片实现对 1~9 这 9 个数字键的 BCD 编码，用 LED 发光二极管来显示 4 位二进制编码值。在电路中，发光二极管的阴极连接到 74147 的编码输出端（$Y_0 \sim Y_3$），发光二极管的阳极通过 330Ω 的限流电阻连接到+5V 电源。当 $Y_0 \sim Y_3$ 输出端有低电平 0 时，相应的发光二极管就会点亮，因此只要按下数字键盘的按钮后，观察 LED 发光二极管的亮灭状态，就可以知道 74147 输出是什么码值。但要记住此电路是 LED 灯亮表示输出 0，而 LED 灯不亮才表示输出 1。例如，按下"5"这个数字键时，根据 74147 的逻辑功能真值表，输出的编码是 1010（这是"负逻辑"编码值），此时对应的 LED 灯情况

为 VD_3 灭、VD_2 亮、VD_1 灭、VD_0 亮。若 LED 灯亮表示 1，灭表示 0，则在 $VD_3VD_2VD_1VD_0$ 这组 LED 灯上显示的编码值是 0101（这是"正逻辑"编码值），在 BCD 编码中，0101 正好代表十进制数的 5。

大家可以自己动手搭建如图 3-17 所示的电路，并验证 74147 编码器的逻辑功能。需要注意的是，74147 只有 $A_1 \sim A_9$ 共 9 路输入，也就是可以对 9 个按键进行编码，而数字键盘中有 0~9 共 10 个按键，其中 0 这个数字键，没有经过 74147 编码，其实 74147 在没有任何低电平信号输入时，其输出的 4 位编码是 1111，转换成正逻辑就是 0000，而 0000 这个 BCD 编码正是数字 0 的码值。所以在图 3-17 所示的电路中对于数字键"0"可以不用验证。若换成 CD40147 这种芯片，就可以实现对 0~9 这 10 个数字键的编码功能，这一差别请读者自行进一步学习和研究。

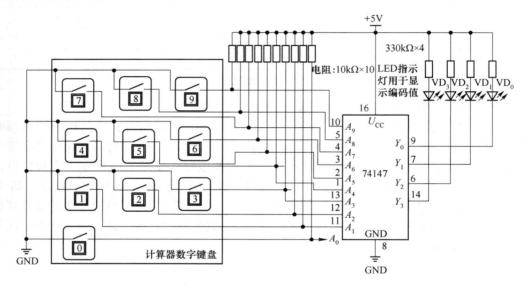

图 3-17　1~9 数字键盘编码电路

基础夯实

试用写非门设计一个 4 输入的优先编码器，要求输入、输出及工作状态标志均为高电平有效。列出真值表，画出逻辑图。

二、译码器

（一）二进制译码器

二进制译码器的输入是一组二进制代码，输出是一组与输入代码——对应的高、低电平信号。假设二进制译码器有 n 个输入信号和 N 个输出信号，则应满足 $N=2^n$，因此二进制译码器也称为全译码器。若输出是 1 有效，则称为高电平译码，一个输出就是一个最小项；若输出是 0 有效，则称为低电平译码，一个输出对应一个最小项的非。常见的二进制译码器有 2 线-4 线译码器、3 线-8 线译码器、4 线-16 线译码器等。图 3-18 所示为二进制译码器的一般结构框图，在使能输入端 EI 为有效电平时，对应每一组输入代码，只有其中一个输出端为有效电平，其余输出端为相反电平。

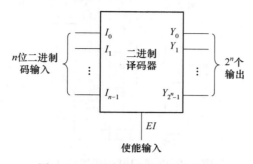

图 3-18　二进制译码器的结构框图

1. 2 线−4 线

下面以 2 线−4 线译码器为例，分析译码器的工作原理和电路结构。

2 线−4 线译码器的两个输入变量 A_1、A_0 共有四种不同状态组合，因而译码器有四个输出信号 $\overline{Y}_0 \sim \overline{Y}_3$，并且输出为低电平有效，真值表见表 3-9。另外该译码器，设置了使能控制端 $\overline{E}$，当 $\overline{E}$ 为 1 时，无论 A_1、A_0 为何状态，输出全为 1，译码器处于非工作状态。而当 $\overline{E}$ 为 0 时，对应于 A_1、A_0 的某种状态组合，其中只有一个输出量为 0，其余各输出量均为 1。例如，$A_1 A_0 = 00$ 时，输出 $\overline{Y}_0$ 为 0，$\overline{Y}_0 \sim \overline{Y}_3$ 均为 1。由此可见，译码器是通过输出端的逻辑电平以识别不同的代码的。

表 3-9　2 线−4 线译码器真值表

输入			输出			
$\overline{E}$	A_1	A_0	$\overline{Y}_0$	$\overline{Y}_1$	$\overline{Y}_2$	$\overline{Y}_3$
1	×	×	1	1	1	1
0	0	0	0	1	1	1
0	0	1	1	0	1	1
0	1	0	1	1	0	1
0	1	1	1	1	1	0

根据表 3-9 可写出各输出端的逻辑表达式

$$\overline{Y}_0 = \overline{\overline{\overline{E}} \, \overline{A}_1 \, \overline{A}_0}$$

$$\overline{Y}_1 = \overline{\overline{\overline{E}} \, \overline{A}_1 \, A_0}$$

$$\overline{Y}_2 = \overline{\overline{\overline{E}} \, A_1 \, \overline{A}_0}$$

$$\overline{Y}_3 = \overline{\overline{\overline{E}} \, A_1 \, A_0}$$

由逻辑表达式画出逻辑图，如图 3-19 所示。

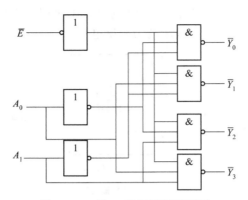

图 3-19 2 线-4 线译码器逻辑图

2. 3 线-8 线

以 74HC138 为例，其功能表见表 3-10。该译码器有三位二进制输入 A_2、A_1、A_0，它们共有八种状态的组合，即可译出八个输出信号 $\overline{Y}_0 \sim \overline{Y}_7$，输出为低电平有效。此外为了功能扩展，还设置了 E_3、$\overline{E}_2$ 和 $\overline{E}_1$ 三个使能输入端。由功能表可知，当 $E_3 = 1$，且 $\overline{E}_2 = \overline{E}_1 = 0$ 时，译码器处于工作状态。由功能表可得

$$\overline{Y}_0 = \overline{E_3 \overline{\overline{E}_2 \overline{E}_1} A_2 A_1 A_0}$$

其他各输出端的逻辑表达式读者可以自行推导，一般逻辑表达式为 $\overline{Y}_i = \overline{E_3 \overline{\overline{E}_2 \overline{E}_1} m_i}$，且 $i = 0 \sim 7$；当 $E_3 = 1$，且 $\overline{E}_2 = \overline{E}_1 = 0$，$\overline{Y}_i = \overline{m_i}$，即每个输出是输入变量所对应的最小项的非。

表 3-10 74HC138 的功能表

输入						输出							
E_3	$\overline{E}_2$	$\overline{E}_1$	A_2	A_1	A_0	$\overline{Y}_0$	$\overline{Y}_1$	$\overline{Y}_2$	$\overline{Y}_3$	$\overline{Y}_4$	$\overline{Y}_5$	$\overline{Y}_6$	$\overline{Y}_7$
×	H	×	×	×	×	H	H	H	H	H	H	H	H
×	×	H	×	×	×	H	H	H	H	H	H	H	H
L	×	×	×	×	×	H	H	H	H	H	H	H	H
H	L	L	L	L	L	L	H	H	H	H	H	H	H
H	L	L	L	L	H	H	L	H	H	H	H	H	H
H	L	L	L	H	L	H	H	L	H	H	H	H	H
H	L	L	L	H	H	H	H	H	L	H	H	H	H
H	L	L	H	L	L	H	H	H	H	L	H	H	H
H	L	L	H	L	H	H	H	H	H	H	L	H	H
H	L	L	H	H	L	H	H	H	H	H	H	L	H
H	L	L	H	H	H	H	H	H	H	H	H	H	L

74HC138 的逻辑符号和引脚排列如图 3-20（a）、（b）所示。

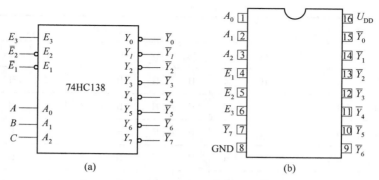

图 3-20 74HC138 的逻辑符号和引脚排列

（a）逻辑符号；（b）引脚排列

（二）二–十进制译码器

二–十进制的转换是译码器的重要应用之一。在 8421BCD 码中，十进制数的 0~9 共 10 个数字对应的 4 位二进制数是 0000~1001，由于人们不习惯直接识别二进制数，所以采用二–十进制译码器来解决。

7442 是一个简单实用的二–十进制译码器。译码器的输入端是 A、B、C、D，组成了 4 位二进制 BCD 码，输出端有 10 个，分别是 Y_0~Y_9，具体引脚排列如图 3-21 所示。

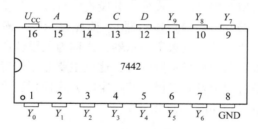

图 3-21 7442 译码器引脚排列

7442 译码器的逻辑功能真值表见表 3-11。输入、输出变量之间的对应关系请读者自行分析，这里不再赘述。

表 3-11 7442 译码器的逻辑功能真值表

数值	输入				输出									
	D	C	B	A	Y_0	Y_1	Y_2	Y_3	Y_4	Y_5	Y_6	Y_7	Y_8	Y_9
0	L	L	L	L	L	H	H	H	H	H	H	H	H	H
1	L	L	L	H	H	L	H	H	H	H	H	H	H	H
2	L	L	H	L	H	H	L	H	H	H	H	H	H	H
3	L	L	H	H	H	H	H	L	H	H	H	H	H	H
4	L	H	L	L	H	H	H	H	L	H	H	H	H	H

续表 3-11

数值	输入				输出									
	D	C	B	A	Y_0	Y_1	Y_2	Y_3	Y_4	Y_5	Y_6	Y_7	Y_8	Y_9
5	L	H	L	H	H	H	H	H	H	L	H	H	H	H
6	L	H	H	L	H	H	H	H	H	H	L	H	H	H
7	L	H	H	H	H	H	H	H	H	H	H	L	H	H
8	H	L	L	L	H	H	H	H	H	H	H	H	L	H
9	H	L	L	H	H	H	H	H	H	H	H	H	H	L

注："H" 表示高电平 1，"L" 表示低电平 0。

（三）显示译码器

在数字系统中，常常需要将数字、字母、符号等直观地显示出来，供人们读取。能够显示数字、字母或符号的器件称为数码显示器。在数字电路中，数字量都是以一定的代码形式出现的，所以这些数字量要先经过译码，才能送到数码显示器去显示。这种能把数字量翻译成数码显示器所能识别的信号的译码器称为显示译码器。

1. 数码显示器

数码显示器有多种类型：按显示方式分为分段式、点阵式和重叠式等；按发光物质分为半导体显示器〔发光二极管（LED）显示器〕、荧光显示器、液晶显示器和气体放电管显示器等。目前应用最广泛的是七段数字显示器，或称为七段数码管。常见的七段数字显示器发光器件有发光二极管和液晶显示器两种，这里主要介绍前者。

七段数字显示器就是将七个发光二极管按一定的方式排列起来，利用不同发光段的组合，显示不同的阿拉伯数字，如图 3-22 所示。

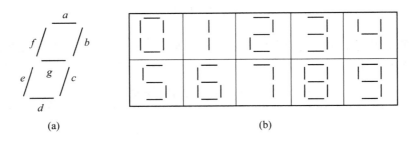

图 3-22　七段数字显示及发光段组合图
（a）分段布置；（b）段组合

按内部连接方式不同，七段数字显示器分为共阴极和共阳极两种，如图 3-23 所示。共阴极电路中，七个发光二极管的阴极连在一起接低电平，需要某一段发光，就将相应二极管的阳极接高电平。共阳极显示器的驱动则刚好相反，公共阳极接正电源，当哪个发光二极管的阴极为低电平时，对应的那个发光管就导通发光。

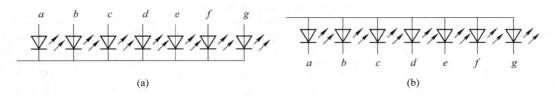

图 3-23　二极管显示器等效电路

(a) 共阴极电路；(b) 共阳极电路

半导体显示器的优点是工作电压较低 (1.5~3V)、体积小、寿命长、亮度高、响应速度快、工作可靠性高。缺点是工作电流大 (每个字段的工作电流约为 10mA)。

2. 显式译码器

为了使数码显示器能显示十进制数，必须将十进制数的代码经译码器译出，然后经驱动器点亮对应的段。例如，对于 8421BCD 码的 0011 状态，对应的十进制数为 3，则显示译码器和驱动器应使 a、b、c、d、g 各段点亮。

常用的集成七段显示译码器 (Seven-Segment Display Decoder) 有两类：一类译码器输出高电平有效信号，用来驱动共阴极显示器；另一类输出低电平有效信号，以驱动共阳极显示器。下面介绍常用的 74HC4511 七段显示译码器。

74HC4511 的逻辑符号如图 3-24 所示，功能表见表 3-12。当输入 8421BCD 码时，输出高电平有效，用以驱动共阴极显示器。当输入为 1010~1111 六个状态时，输出全为低电平，显示器无显示。该集成显示译码器设有三个辅助控制端 LE、$\overline{BL}$、$\overline{LT}$，以增强器件的功能，现分别简要说明如下：

(1) 灯测试输入 $\overline{LT}$：当 $\overline{LT}$ =0 时，无论其他输入端是什么状态，所有各段输出 a~g 均为 1，显示字形 8。该输入端常用于检查译码器本身及显示器各段的好坏。

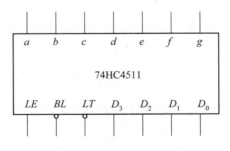

图 3-24　74HC4511 的逻辑符号

(2) 灭灯输入 $\overline{BL}$：当 $\overline{BL}$ =0，并且 $\overline{LT}$ =1 时，无论其他输入端是什么电平，所有各段输出 a~g 均为 0，所以字形熄灭。该输入端用于将不必要显示的零熄灭。例如，一个六位数字 028.060，将首尾多余的 0 熄灭，则显示为 28.06，使显示结果更加清楚。

(3) 锁存使能输入 LE：在 $\overline{BL}$ = $\overline{LT}$ =1 的条件下，当 $\overline{LE}$ =0 时，锁存器不工作，译码器的输出随输入码的变化而变化；当 LE 由 0 跳变为 1 时，输入码被锁存，输出只取决于锁存器的内容，不再随输入的变化而变化。

表 3-12 74HC4511 的功能表

十进制数或功能	输入							输出							字形
	LE	$\overline{BL}$	$\overline{LT}$	D_3	D_2	D_1	D_0	a	b	c	d	e	f	g	
0	L	H	H	L	L	L	L	H	H	H	H	H	H	L	0
1	L	H	H	L	L	L	H	L	H	H	L	L	L	L	1
2	L	H	H	L	L	H	L	H	H	L	H	H	L	H	2
3	L	H	H	L	L	H	H	H	H	H	H	L	L	H	3
4	L	H	H	L	H	L	L	L	H	H	L	L	H	H	4
5	L	H	H	L	H	L	H	H	L	H	L	L	H	H	5
6	L	H	H	L	H	H	L	H	L	H	H	H	H	H	6
7	L	H	H	L	H	H	H	H	H	H	L	L	L	L	7
8	L	H	H	H	L	L	L	H	H	H	H	H	H	H	8
9	L	H	H	H	L	L	H	H	H	H	L	L	H	H	9
10	L	H	H	H	L	H	L	L	L	L	L	L	L	L	熄灭
11	L	H	H	H	L	H	H	L	L	L	L	L	L	L	熄灭
12	L	H	H	H	H	L	L	L	L	L	L	L	L	L	熄灭
13	L	H	H	H	H	L	H	L	L	L	L	L	L	L	熄灭
14	L	H	H	H	H	H	L	L	L	L	L	L	L	L	熄灭
15	L	H	H	H	H	H	H	L	L	L	L	L	L	L	熄灭
灯测试	×	×	L	×	×	×	×	H	H	H	H	H	H	H	8
灭灯	×	L	H	×	×	×	×	L	L	L	L	L	L	L	熄灭
锁存	H	H	H	×	×	×	×	*							*

注：＊此时输出状态取决于 LE 由 0 跳变为 1 时 BCD 码的输入。

【例 3-5】 由 74HC4511 构成的 24 小时及分钟的译码电路如图 3-25 所示，试分析小时高位是否具有零熄灭功能。

解：根据 74HC4511 的功能表（见表 3-12）可知，译码器正常译码时，LE 接低电平，$\overline{BL}$ 和 $\overline{LT}$ 均接高电平。

如果输入的 8421BCD 码为 000 时，显示器不显示，要求 $\overline{BL}$ 接低电平，$\overline{LT}$ 仍为高电平，而 LE 可以是任意值。图 3-25 中，小时高位的 BCD 码经或门连接到 $\overline{BL}$ 端，当输入为 0000 时，或门的输出为 0，使 $\overline{BL}$ 为 0，高位零被熄灭。

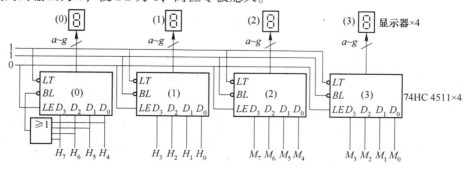

图 3-25 例 3-5 的译码显示电路

基础夯实

用一个 3 线-8 线译码器 74LS138 和与非门设计下列逻辑函数，要求画出连线图。

$$
\begin{cases}
F_1(A,\ B,\ C) = AC + A\overline{B}C + \overline{A} \cdot \overline{B}C \\
F_2(A,\ B,\ C) = \overline{A} \cdot \overline{B}C + A\overline{B} \cdot \overline{C} + BC
\end{cases}
$$

三、数据选择器

数据选择器也称数据多路器，是一个把多路数据中的某一路数据按照地址编号传送到公共数据端输出的组合逻辑电路。

数据选择器就像一把单刀多掷开关，如图 3-26 所示。在一些高速信号处理应用中，数据选择要用电子电路来控制，而不用机械开关来控制。

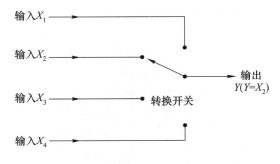

图 3-26 数据选择开关示意图

（一）4 选 1 选择器

4 选 1 数据选择器的功能表见表 3-13。表中，$D_3 \sim D_0$ 为数据输入端，S_1、S_0 为地址选择信号，Y 为数据输出端，$\overline{E}$ 为低电平有效的使能端。由功能表可见，根据地址选择信号的不同，可选择对应的一路输入数据输出。例如，当地址选择信号 $S_1 S_0 = 10$ 时，$Y = D_2$，即将 D_2 送到输出端（$D_2 = 0$，$Y = 0$；$D_2 = 1$，$Y = 1$）。根据功能表，当使能端 $\overline{E}$ 有效时，可写出输出逻辑表达式为

$$
Y = \overline{S}_1 \overline{S}_0 D_0 + \overline{S}_1 S_0 D_1 + S_1 \overline{S}_0 D_2 + S_1 S_0 D_3
$$

其一般表达式为 $Y = \sum_{i=0}^{3} m_i D_i$，$m_i$ 为地址变量 S_1、S_0 所对应的最小项。

表 3-13 4 选 1 数据选择器的功能表

	输入						输出
$\overline{E}$	S_1	S_0	D_3	D_2	D_1	D_0	Y
1	×	×	×	×	×	×	0

输入							输出
$\overline{E}$	S_1	S_0	D_3	D_2	D_1	D_0	Y
0	0	0	×	×	×	0	0
			×	×	×	1	1
	0	1	×	×	0	×	0
			×	×	1	×	1
	1	0	×	0	×	×	0
			×	1	×	×	1
	1	1	0	×	×	×	0
			1	×	×	×	1

由逻辑表达式画出逻辑图，如图 3-27 所示。

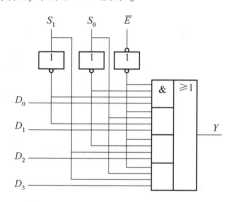

图 3-27　4 选 1 数据选择器的逻辑图

（二）双 4 选 1 选择器

4 选 1 数据选择器是从 4 个输入数据中选出指定的 1 个数据送到输出端。下面以双 4 选 1 数据选择器 74HC153 为例，分析它的工作原理。图 3-28 是双 4 选 1 数据选择器 74HC153 的内部逻辑图。

双 4 选 1 数据选择器包含两个完全相同的 4 选 1 数据选择器。由图 3-28 可见，虚线上下为两个数据选择器，这两个数据选择器有公共的地址输入端 A_1 和 A_0，通过给定不同的地址代码 A_1A_0，即可从 4 个输入数据中选出指定的一个并送到输出端 Y。两个数据选择器各自有独立的数据输入端和输出端，虚线上方数据选择器的输入端为 D_{10}、D_{11}、D_{12}、D_{13}，数据输出端为 Y_1；虚线下方数据选择器的输入端为 D_{20}、D_{21}、D_{22}、D_{23}，数据输出端为 Y_2。图 3-28 中的 $\overline{S}_1$ 和 $\overline{S}_2$ 是附加控制端，控制两个数据选择器是否工作，用于控制电路工作状态和扩展电路功能。

观察图 3-28 中虚线上方电路，当 $A_0 = 0$ 时，传输门 TG_1 和 TG_3 导通，而 TG_2 和 TG_4 截止；当 $A_0 = 1$ 时，TG_1 和 TG_3 截止，而 TG_2 和 TG_4 导通。同理，当 $A_1 = 0$ 时，TG_5 导通，

而 TG_6 截止；当 $A_1 = 1$ 时，TG_5 截止，而 TG_6 导通。因此，在 $A_1 A_0$ 的状态确定以后，D_{10}、D_{11}、D_{12}、D_{13} 当中只有一个能通过两级导通的传输门到达输出端 Y_1。例如，当 $A_1 A_0 = 10$ 时，第 1 级传输门中 TG_1 和 TG_3 导通，第 2 级传输门中 TG_6 导通，只有 D_{12} 端的输入数据能够通过导通的传输门 TG_3 和 TG_6 到达输出端 Y_1。

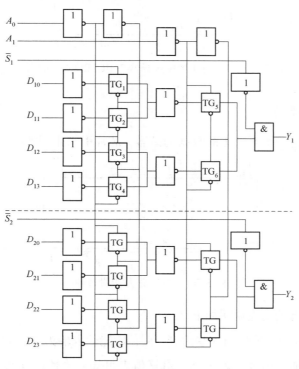

图 3-28　双 4 选 1 数据选择器 74HC153 的内部逻辑图

输出逻辑函数式为

$$Y_1 = \left[D_{10}(\overline{A_1}\,\overline{A_0}) + D_{11}(\overline{A_1}A_0) + D_{12}(A_1\overline{A_0}) + D_{13}(A_1 A_0) \right] \cdot S_1 \tag{3-8}$$

式（3-8）还表明当 $\overline{S}_1 = 0$ 时，数据选择器工作；当 $\overline{S}_1 = 1$ 时，数据选择器输出端被锁定为低电平，数据选择器不工作。

图 3-28 中虚线下方的数据选择器与虚线上方的功能完全相同，这里不再赘述。根据式（3-8）可以列出双 4 选 1 数据选择器 74HC153 其中一个数据选择器的真值表，见表 3-14。双 4 选 1 数据选择器 74HC153 的逻辑框图如图 3-29 所示。

表 3-14　74HC153 其中一个数据选择器的真值表

$\overline{S}_1$	A_1	A_0	Y_1
1	×	×	0
0	0	0	D_{10}
0	0	1	D_{11}
0	1	0	D_{12}
0	1	1	D_{13}

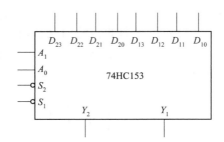

图 3-29　双 4 选 1 数据选择器 74HC153 的逻辑框图

（三）8 选一选择器

74151 集成电路是一个 8 选 1 的数据选择器，芯片引脚排列如图 3-30 所示。

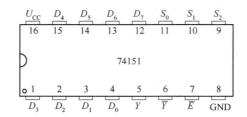

图 3-30　74151 芯片引脚排列

74151 芯片各引脚的功能说明如下。

数据输入端为 $D_0 \sim D_7$ 地址输入端为 $S_0 \sim S_2$；使能输入端为 $\overline{E}$；数据输出端为 Y 和 $\overline{Y}$。

74151 的逻辑功能真值表见表 3-15。由真值表可知，当使能端 $\overline{E} = 1$ 时，数据选择器的输出端为 0，即芯片为非工作状态。当 $\overline{E} = 0$ 时，若数据选择器的 3 个地址输入端 $S_0 \sim S_2$ 有地址码输入，则 Y 输出端就有对应的数据输出。而 Y 端究竟输出什么信号，是由 $S_0 \sim S_2$ 的地址码决定的。当 $S_2 S_1 S_0 = 000$ 时，Y 端输出的是 D_0 端的信号，即 $Y = D_0$，若 $D_0 = 1$，则 $Y = 1$，若 $D_0 = 0$，则 $Y = 0$，若 D_0 端连接的是一个连续变化的脉冲信号，则 Y 输出的也是与 D_0 端相同的脉冲信号；同样的，当 $S_2 S_1 S_0 = 001$ 时，Y 端输出的是 D_1 端的信号，即 $Y = D_1$；以此类推，当 $S_2 S_1 S_0 = 111$ 时，Y 端输出的则是 D_7 端的信号，即 $Y = D_7$。

表 3-15　74151 逻辑功能真值表

输入				输出
S_2	S_1	S_0	$\overline{E}$	Y
×	×	×	1	0
0	0	0	0	D_0
0	0	1	0	D_1
0	1	0	0	D_2
0	1	1	0	D_3
1	0	0	0	D_4
1	0	1	0	D_5

输入				输出
S_2	S_1	S_0	$\overline{E}$	Y
1	1	0	0	D_6
1	1	1	0	D_7

所以当 $\overline{E}=0$ 时，输出 $Y=\overline{S_2}\cdot\overline{S_1}\cdot\overline{S_0}D_0+\overline{S_2}\cdot\overline{S_1}S_0D_1+\overline{S_2}S_1\overline{S_0}D_2+\overline{S_2}S_1S_0D_3+S_2\overline{S_1}\cdot\overline{S_0}D_4+$ $S_2\overline{S_1}S_1D_5+S_2S_1\overline{S_0}D_6+S_2S_1S_0D_7$。因此在判断 74151 的数据输出端 Y 到底是高电平、低电平还是其他的连续变化的信号时，首先要看 $S_0\sim S_2$ 输入的是什么地址码，然后再看被选中的数据端（$D_0\sim D_7$）当前是什么状态或连接的是什么信号。

【例 3-6】　用 4 选 1 数据选择器实现三变量函数 $L=\overline{A}BC+\overline{A}B\overline{C}+AB\overline{C}+ABC$。

解：由于逻辑函数 L 有三个输入信号 A、B、C，而 4 选 1 数据选择器仅有两个地址端，所以可选 A、B 接到地址输入端，且 $A=S_1$，$B=S_0$。

将上述逻辑函数可变换为

$$L=\overline{AB}(\overline{C}+C)+A\overline{B}C+ABC=m_0+m_2\overline{C}+m_3C$$

即得 4 选 1 数据选择器数据输入 $D_3\sim D_0$。D_0 为 m_0 的系数，$D_0=1$，D_1 为 m_1 的系数，$D_1=0$；同理可得 $D_2=\overline{C}$，$D_3=C$。D_2、D_3 是变量 C 的函数，即可实现该逻辑函数。

画出逻辑图，如图 3-31 所示。

数据选择器实现函数与译码器实现函数相比，在一个芯片前提下，译码器必须外加门才能实现变量数不大于其输入端数的函数，且不能实现变量数大于其输入端数的函数，但可同时实现多个函数；数据选择器可实现变量数等于或大于其地址端数的函数，但一个数据选择器只能实现一个函数。

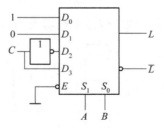

图 3-31　4 选 1 数据选择器实现函数的逻辑图

基础夯实

分析图 3-32 所示的组合逻辑电路，其中 74LS151 为 8 选 1 数据选择器，要求写出输出函数 Z 的最简"与-或"表达式。

四、数值比较器

（一）1 位数值比较器

1 位数值比较器用来比较两个 1 位二进制数的大小。考虑分别用 A、B 表示两个 1 位

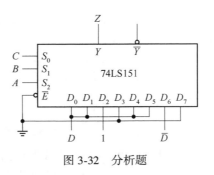

图 3-32 分析题

二进制数作为比较器的输入，分别用 $Y_{(A<B)}$ $Y_{(A=B)}$ $Y_{(A>B)}$ 表示比较结果作为比较器的输出。分析数值比较器的功能可以得到见表 3-16 的真值表。

表 3-16 1 位数值比较器的真值表

A	B	$Y_{(A<B)}$	$Y_{(A=B)}$	$Y_{(A>B)}$
0	0	0	1	0
0	1	1	0	0
1	0	0	0	1
1	1	0	1	0

由表 3-16 写出 1 位数值比较器的函数式为

$$\begin{cases} Y_{(A<B)} = \overline{A}B \\ Y_{(A=B)} = \overline{A}\,\overline{B} + AB \\ Y_{(A>B)} = A\overline{B} \end{cases} \tag{3-9}$$

根据式（3-9）可以得到 1 位数值比较器的逻辑图如图 3-33 所示。

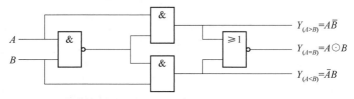

图 3-33 1 位数值比较器逻辑图

（二）多位数值比较器

比较两个多位数的大小，需自高而低逐位进行比较，而且只有在高位相等时才需要比较低位。例如，A、B 是两个 4 位二进制数 $A_3A_2A_1A_0$ 和 $B_3B_2B_1B_0$，进行比较时应首先比较 A_3 和 B_3。如果 $A_3>B_3$，那么不管其他几位数码各为何值，肯定是 $A>B$。反之若 $A_3<B_3$，则不管其他几位数码各为何值，肯定是 $A<B$。如果 $A_3=B_3$，这时就必须通过比较下一位 A_2 和 B_2 来判断 A 和 B 的大小了。以此类推，得到最终的比较结果。

根据以上分析，可以得到多位数值比较结果 $Y_{(A>B)}$ $Y_{(A<B)}$ 和 $Y_{(A=B)}$ 的函数式。

$$Y_{(A>B)} = A_3\bar{B}_3 + (A_3 \odot B_3)A_2\bar{B}_2 + (A_3 \odot B_3)(A_2 \odot B_2)A_1\bar{B}_1 +$$
$$(A_3 \odot B_3)(A_2 \odot B_2)(A_1 \odot B_1)A_0\bar{B}_0 + \tag{3-10}$$
$$(A_3 \odot B_3)(A_2 \odot B_2)(A_1 \odot B_1)(A_0 \odot B_0)I_{(A>B)}$$

$$Y_{(A<B)} = \bar{A}_3 B_3 + (A_3 \odot B_3)\bar{A}_2 B_2 + (A_3 \odot B_3)(A_2 \odot B_2)\bar{A}_1 B_1 +$$
$$(A_3 \odot B_3)(A_2 \odot B_2)(A_1 \odot B_1)\bar{A}_0 B_0 + \tag{3-11}$$
$$(A_3 \odot B_3)(A_2 \odot B_2)(A_1 \odot B_1)(A_0 \odot B_0)I_{(A<B)}$$

$$Y_{(A<B)} = (A_3 \odot B_3)(A_2 \odot B_2)(A_1 \odot B_1)(A_0 \odot B_0)I_{(A=B)} \tag{3-12}$$

式（3-10）~式（3-12）中的 $I_{(A>B)}$、$I_{(A<B)}$ 和 $I_{(A=B)}$ 是来自低位的比较结果。当没有来自低位的比较结果时，应令 $I_{(A>B)} = I_{(A<B)} = 0$，$I_{(A=B)} = 1$。图 3-34 是中规模集成 4 位数值比较器 74HC85 的内部逻辑图，图 3-35 是 74HC85 的逻辑框图。

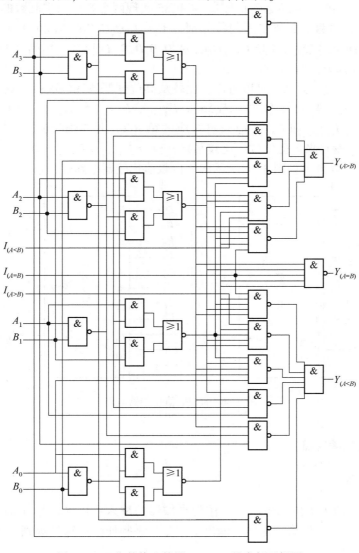

图 3-34　4 位数值比较器 74HC85 的内部逻辑图

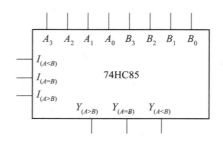

图 3-35   4 位数值比较器 74HC85 的逻辑框图

利用 $I_{(A>B)}$、$I_{(A<B)}$ 和 $I_{(A=B)}$ 这 3 个输入端，可以将两片以上的 74HC85 级联，组成位数更多的数值比较器电路。

【例 3-7】   试用两片 4 位数值比较器 74HC85 实现两个 8 位二进制数的数值比较。

解：设待比较的两个 8 位二进制数分别为 $C_7C_6C_5C_4C_3C_2C_1C_0$ 和 $D_7D_6D_5D_4D_3D_2D_1D_0$，用第（1）片 74HC85 实现高 4 位 $C_7C_6C_5C_4$ 和 $D_7D_6D_5D_4$ 的比较，用第（2）片实现低 4 位 $C_3C_2C_1C_0$ 和 $D_3D_2D_1D_0$ 的比较。

由式（3-10）~式（3-12）可以看出，比较从高位到低位逐位进行，只有当高 4 位数相等时，输出才取决于来自低位的比较结果 $I_{(A>B)}$、$I_{(A<B)}$ 和 $I_{(A=B)}$。因此，第（1）片 74HC85 的 $I_{(A>B)}$、$I_{(A<B)}$ 和 $I_{(A=B)}$ 应来自对应的第（2）片 74HC85 的比较输出。对于第（2）片 74HC85，没有来自更低位的比较结果，应令 $I_{(A>B)} = I_{(A<B)} = 0$，$I_{(A=B)} = 1$。

综上所述，可以得到如图 3-36 所示的 8 位数值比较器电路。

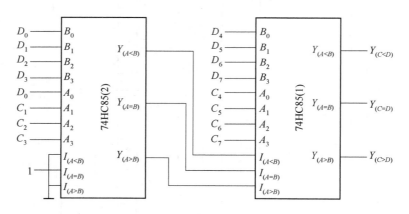

图 3-36   8 位数值比较器电路

五、加法器和减法器

（一）半加器

用 A、B 表示两个 1 位二进制数，作为半加器的输入；用 S 表示相加的和，用 CO 表示向高位的进位，它们作为半加器的输出。按照二进制加法运算的规则，可以列出半加器的真值表见表 3-17。

表 3-17　半加器的真值表

A	B	S	CO
0	0	0	0
0	1	1	0
1	0	1	0
1	1	0	1

根据表 3-17，列出半加器的输出函数式为

$$\begin{cases} S = \overline{A}B + A\overline{B} = A \oplus B \\ CO = AB \end{cases} \tag{3-13}$$

根据式（3-13），半加器由一个异或门和一个与门组成，可以画出其逻辑图如图 3-37（a）所示，图 3-37（b）为半加器的逻辑图形符号。

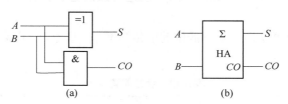

图 3-37　半加器
（a）半加器逻辑图；（b）半加器逻辑图形符号

（二）全加器

半加器因为没有考虑来自低位的进位信号，无法实现多位数的加法运算。全加器实现加数、被加数和低位来的进位加法运算，并根据结果给出"本位和"与本位向高位的进位信号。

设 A、B 为加数和被加数，CI 是来自低位的进位，S、CO 是"本位和"及本位向高位的进位，其真值表见表 3-18。

表 3-18　全加器真值表

A	B	CI	S	CO
0	0	0	0	0
0	0	1	1	0
0	1	0	1	0
0	1	1	0	1
1	0	0	1	0
1	0	1	0	1
1	1	0	0	1
1	1	1	1	1

由真值表可写出全加器对应的 S 和 CO 的简化逻辑表达式。

$$S = \overline{A} \cdot \overline{B} \cdot CI + \overline{AB}CI + A\overline{B} \cdot \overline{CI} + AB \cdot CI = A \oplus B \oplus CI \qquad (3-14)$$

$$CO = \overline{A}B \cdot CI + A\overline{B} \cdot CI + AB\overline{CI} + AB \cdot CI = AB + B \cdot CI + A \cdot CI \qquad (3-15)$$

全加器的逻辑符号如图 3-38 所示。

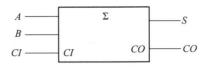

图 3-38　全加器的逻辑符号

（三）全减器

全减器实现减数、被减数和低位来的借位进行减法运算，并根据结果给出"本位差"与本位向高位的借位信号。

设被减数为 A，减数为 B，来自低位的借位为 V_{i-1}，差为 D，向高位的借位为 V_i。可以写出真值表见表 3-19。

表 3-19　全减器真值表

A	B	V_{i-1}	D	V_i
0	0	0	0	0
0	0	1	1	1
0	1	0	1	1
0	1	1	0	1
1	0	0	1	0
1	0	1	0	0
1	1	0	0	0
1	1	1	1	1

由真值表可写出全减器的逻辑表达式。

$$D = \overline{A} \cdot \overline{B}V_{i-1} + \overline{A}B\overline{V_{i-1}} + AB \cdot \overline{V_{i-1}} + ABV_{i-1} \qquad (3-16)$$

$$V_i = \overline{A} \cdot \overline{B}V_{i-1} + \overline{A}B\overline{V_{i-1}} + \overline{A}BV_{i-1} + ABV_{i-1} \qquad (3-17)$$

（四）串行进位加法器

一个全加器只能实现 1 位二进制数加法，若实现多位二进制数相加，需要多个全加器。例如，有两个 4 位二进制数 $A_3A_2A_1A_0$ 和 $B_3B_2B_1B_0$ 相加，可采用四个 1 位全加器构成 4 位数加法器。图 3-39 所示串行进位加法器（Ripple Adder）是采用并行相加串行进位的方式来完成两个 4 位数相加的逻辑图。将低位的进位输出信号接到高位的进位输入端，因此，任意 1 位的加法运算必须在低 1 位的运算完成之后才能进行，这种进位方式称为串行进位。这种加法器的逻辑电路比较简单，但它的运算速度不高。为克服这一缺点，可以采用超前进位等方式。

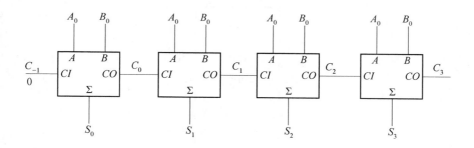

图 3-39　串行进位加法器

（五）超前进位加法器

为了提高运算速度，必须设法减小或消除由于进位信号逐级传递所耗费的时间，可以通过逻辑电路事先得出每一位全加器的进位信号，而无须再从最低位开始向高位逐位传递进位信号，采用这种结构的加法器叫超前进位加法器。超前进位加法器是典型的并行进位加法器（Parallel Adder）。下面以 4 位超前进位加法器为例介绍超前进位的概念。

全加器的和数 S_i 和进位数 C_i 的逻辑表达式为

$$S_i = A_i \oplus B_i \oplus C_{i-1} \tag{3-18}$$

$$C_i = A_iB_i + (A_i \oplus B_i)C_{i-1} \tag{3-19}$$

定义两个中间变量 G_i 和 P_i

$$G_i = A_iB_i \tag{3-20}$$

$$P_i = A_i \oplus B_i \tag{3-21}$$

当 $A_i = B_i = 1$ 时，$G_i = 1$，得 $C_i = 1$，即产生进位，所以 G_i 称为产生变量。若 $P_i = 1$，则 $A_iB_i = 0$，得 $C_i = C_{i-1}$，即低位的进位能传送到高位的进位输出端，故 P_i 称为传输变量。这两个变量都只与被加数 A_i 和加数 B_i 有关，而与进位信号无关。将式（3-20）和式（3-21）代入式（3-18）和式（3-19），得

$$S_i = P_i \oplus C_{i-1} \tag{3-22}$$

$$C_i = G_i + P_iC_{i-1} \tag{3-23}$$

由式（3-23）得各位进位信号的逻辑表达式如下：

$$C_0 = G_0 + P_0C_{-1} \tag{3-24a}$$

$$C_1 = G_1 + P_1C_0 = G_1 + P_1G_0 + P_1P_0C_{-1} \tag{3-24b}$$

$$C_2 = G_2 + P_2C_1 = G_2 + P_2G_1 + P_2P_1G_0 + P_2P_1P_0C_{-1} \tag{3-24c}$$

$$C_3 = G_3 + P_3C_2 = G_3 + P_3G_2 + P_3P_2G_1 + P_3P_2P_1G_0 + P_3P_2P_1P_0C_{-1} \tag{3-24d}$$

由式（3-24）可以看出，进位信号只与变量 G_i、P_i 和 C_{-1} 有关，而 C_{i-1} 是向最低位的进位信号，其值为 0，所以各位的进位信号都只与被加数 A_i 和加数 B_i 有关，它们是可以并行产生的，从而可实现快速进位。根据超前进位概念构成的 74HC283 集成 4 位加法器的逻辑符号如图 3-40 所示，具体逻辑图可查阅相关手册。

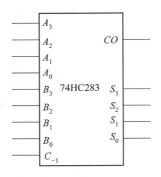

图 3-40 74HC283 逻辑符号

基础夯实

试设计一个全加器电路，设被加数为 A，加数为 B，来自低位的进位为 C_{-1}，和为 S，向高位的进位为 C_i 有以下几个要求。

（1）列出真值表。

（2）写出输出逻辑函数表达式。

（3）使用 74138 和必要的门电路画出连接电路图。

第四节　组合逻辑电路中的竞争与冒险

一、产生原因

任何实际的电路，从输入发生变化到引起输出随之响应，都要经历一定的延迟时间。以最简单的非门为例，当输入信号 A 由 0 跳变到 1 时，经过一段延迟 t_{pd1} 后，输出 $\overline{A}$ 才由 1 变到 0，同样，当 A 从 1 跃变到 0 时，$\overline{A}$ 也要经过一定的延迟 t_{pd2} 才从 0 变为 1。通常这两种延迟时间并不相等，为讨论方便，这里以它们的平均值 t_{pd} 作为延迟时间。

如果把输入信号 A 及互补信号 $\overline{A}$ 都加到图 3-41（a）所示的与门电路输入端，根据逻辑代数基本定理，输出 $L=A\overline{A}$ 应该始终为 0，但是在 t_{pd} 时间内，出现了 A 和 $\overline{A}$ 同时为 1 的情况，因此，在门电路的输出端产生了瞬间为高电平的尖峰脉冲，或称为电压毛刺，如图 3-41（b）中波形所示。

同样，如果信号 A 和 $\overline{A}$ 都加到图 3-42（a）所示的或门电路的输入端，则输出 $L=A+\overline{A}$ 应始终为 1。但是，在 t_{pd} 极短的时间内出现了 A 和 $\overline{A}$ 同时为 0 的情况，使得或门电路的输出端产生了瞬间为低电平的尖峰脉冲，如图 3-42（b）所示。

将一个门电路两个或两个以上相反的输入信号同时发生逻辑电平跳变的现象称为竞争。由于竞争而在电路输出端产生尖峰脉冲的现象称为冒险现象，简称险象。例如，图 3-41（b）中的高电平险象称为 1 冒险；图 3-41（b）中的低电平险象称为 0 冒险。应当指出，竞争并不一定都会产生险象。例如，图 3-41 所示与门电路在 t_{pd2} 时和图 3-42 所示或门电路在 t_{pd1} 时的瞬间，输出仍符合门电路稳态时的逻辑关系。

如果用存在险象的电路驱动对尖峰脉冲敏感的电路（如后面介绍的触发器），将会引起；电路的误动作，因此，在设计电路时应及早发现并消除险象。

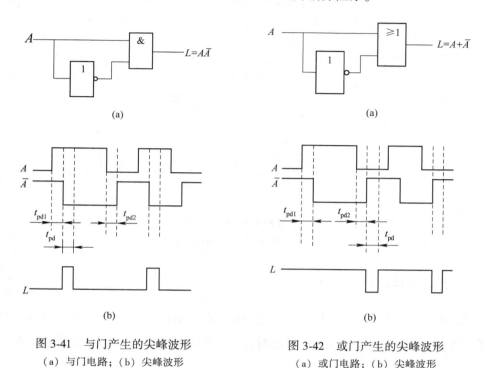

图 3-41　与门产生的尖峰波形　　　　图 3-42　或门产生的尖峰波形
（a）与门电路；（b）尖峰波形　　　　（a）或门电路；（b）尖峰波形

二、消除方法

由于竞争-冒险现象在电路中产生的尖峰脉冲是电路中的噪声，需要设法消除。常用的消除方法有接入滤波电容、引入选通脉冲和修改逻辑设计。

（一）接入滤波电容

由于竞争-冒险产生的尖峰脉冲一般都非常窄，多在十几纳秒以内，因此只需在门电路的输出端并联一个很小的滤波电容 C_i，如图 3-43 所示，就可以将尖峰滤去。在 TTL 电路中，滤波电容的取值通常在几十至几百皮法范围内；在 CMOS 电路中，滤波电容的取值还可以更小些。接入滤波电容的方法的优点是简单易行，其缺点是增加了输出电压波形的上升时间和下降时间，使波形变差。

（二）引入选通脉冲

在电路中引入一个选通脉冲 p，如图 3-43 所示，选通脉冲 p 的高电平出现在电路到达稳定状态以后，所以每个门电路的输出端都不会出现尖峰脉冲。但是，由于选通脉冲的引入，门电路正常的输出信号也将变成脉冲信号，而它们的宽度与选通脉冲相同。引入选通脉冲的方法的优点是简单且不需增加电路元器件，但必须设法得到一个与输入信号同步的选通脉冲且对脉冲的宽度和作用的时间均有严格的要求。

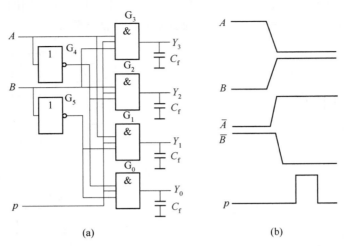

(a)　　　　　　　　(b)

图 3-43　接入滤波电容和引入选通脉冲消除竞争-冒险现象

（a）示例电路；（b）电压波形

（三）修改逻辑设计

以图 3-44（a）所示电路为例可得，它的输出逻辑函数为 $Y = AB + \overline{A}C$，在 $B = C = 1$ 的条件下，可得 $Y = A + \overline{A}$，当 A 改变状态时存在竞争-冒险现象。如果对函数式是进行如下变换：

$$Y = AB + \overline{A}C = AB + \overline{A}C + BC$$

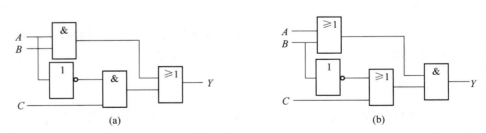

(a)　　　　　　　　　　　(b)

图 3-44　示例电路

（a）示例电路一；（b）示例电路二

增加 BC 项以后，在 $B = C = 1$ 时，不论 A 状态如何改变，输出始终为 $Y = 1$，消除了竞争-冒险现象。由于 BC 项对函数 Y 而言是多余的，称为函数 Y 的冗余项。将这种修改逻辑设计的方法称为增加冗余项的方法。增加冗余项以后的电路如图 3-45 所示。

观察图 3-45 所示电路，如果 A 和 B 同时改变状态，即 AB 从 10 变为 01 时，电路仍然存在竞争-冒险现象。可见，增加冗余项的方法适用范围有限，仅消除了在 $B = C = 1$ 时，A 状态改变引起的竞争-冒险。

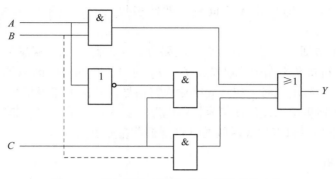

图 3-45 增加冗余项消除竞争-冒险现象电路

能力提升

（1）某建筑的储水罐由大、小两台水泵 M_L 和 M_S 供水，如图 3-46 所示。在储水罐中有 3 个水位检测传感器 A、B、C，当水面低于传感器器件时，传感器给出高电平；当水面高于传感器器件时，传感器给出低电平。在工作时，如果水位超过 C 点，则两个水泵都停止供水；如果水位低于 C 点而高于 B 点，则由 M_S 单独供水；如果水位低于 B 点而高于 A 点，则由 M_L 单独供水；如果水位低于 A 点，则两个水泵都开始供水。试设计一个控制两台水泵工作的逻辑电路。

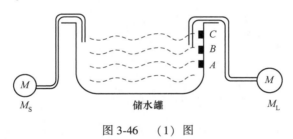

图 3-46 （1）图

（2）实验室有 D_1、D_2 两个故障指示灯，用来表示 3 台设备的工作情况，当只有一台设备有故障时 D_1 灯亮；若有两台设备发生故障时，D_2 灯亮；若 3 台设备都有故障时，则 D_1、D_2 灯都亮，试设计故障监测逻辑电路。

（3）交通信号灯由红、黄、绿 3 盏灯组成，在正常工作情况下，任何时刻都有且只有 1 盏灯亮。如果有多于 1 盏灯亮或是 3 盏灯都不亮，则表明该交通信号灯发生故障，需要进行维修。试设计一个交通信号灯工作状态的监视电路，当交通信号灯发生故障时，发出故障提醒信号。

（4）某建筑物的自动电梯系统有 5 个电梯，其中 3 个是主电梯，2 个是备用电梯。当上下人员拥挤，主电梯全被占用时，才允许使用备用电梯。现设计一个监控主电梯的逻辑电路，当任何 2 个主电梯运行时，产生一个信号（L_1），通知备用电梯准备运行；当 3 个主电梯都在运行时，则产生另一个信号（L_2），使备用电梯主电源接通，处于可运行状态。（提示：可以用数据选择器、译码器或全加器实现）

（5）设计表决电路，要求 A、B、C 三人中只要有半数以上同意，决议就能通过。但

同时 A 还具有否决权, 即只要 A 不同意, 即使多数人同意也不能通过。要求用与非门实现。

（6）设计一个电话机信号控制电路。电路有 I_0（火警）、I_1（盗警）和 I_2（日常业务）3 种输入信号, 通过排队电路分别从 L_0、L_1、L_2 输出, 在同一时间只能有一个信号通过。当同时有两个以上信号出现时, 应首先接通火警信号, 其次为盗警信号, 最后是日常业务信号。试按照上述轻重缓急设计该信号控制电路, 要求用二输入端与非门来实现。

（7）试判断下列逻辑表达式对应的电路是否存在竞争与冒险。

1）$L = A\overline{B} + B\overline{C}$

2）$L = (\overline{B} + C)(B + A)$

3）$L = A\overline{B} + B\overline{C} + A\overline{C}$

第四章 时序逻辑电路

学习目标

（1）了解时序逻辑电路的特点及分类。
（2）熟练掌握时序逻辑电路的基本工作原理和分析、设计方法。
（3）掌握寄存器、计数器和顺序脉冲发生器的工作原理。
（4）掌握同步计数器和异步计数器的设计方法。

本章导视

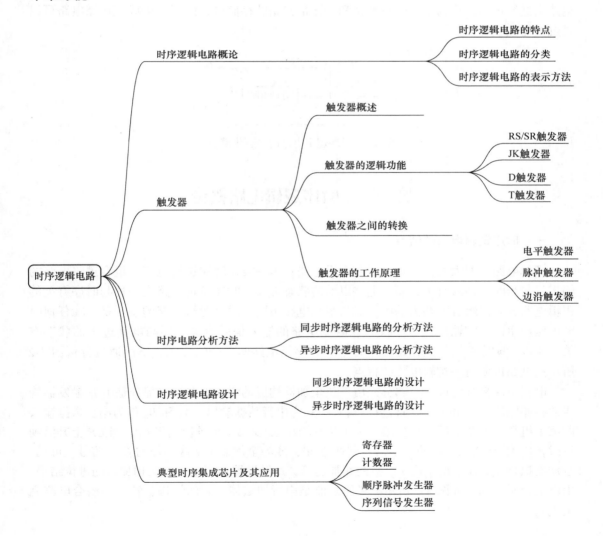

引言

锁存器和触发器是构成时序逻辑电路的基本逻辑单元。锁存器与触发器的共同点是，具有 0 和 1 两个稳定状态，一旦状态被确定，就能自行保持；一个锁存器或触发器能存储一位二进制码。它们的不同点是，锁存器是对脉冲电平敏感的存储电路，在特定输入脉冲电平作用下改变状态；触发器是对脉冲边沿敏感的存储电路，在时钟脉冲的上升沿或下降沿的变化瞬间改变状态。

作为存储器的锁存器和触发器是构成时序逻辑电路的基本模块，可以完成存储、排序和计数等功能。为了定义时序逻辑电路，要将它与组合逻辑电路进行比较。组合逻辑、电路完成译码、编码和比较等功能，组合逻辑电路的输出与当前的输入状态有关；时序逻辑电路由于具有记忆功能，所以其输出不仅与当前的输入状态有关，而且与输入的前一个状态也有关系。

时序逻辑电路就是输出由输入状态、逻辑电路引起的时延、离散时间间隔的存在以及逻辑电路的前一个输出共同决定的逻辑电路。如图 4-1 所示，从总体上来看整个时序逻辑电路由进行逻辑运算的组合逻辑电路和起记忆作用的存储电路两部分构成。存储电路可以是触发器或锁存器。

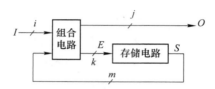

图 4-1 时序逻辑电路的一般化模型

第一节 时序逻辑电路概论

一、时序逻辑电路的特点

逻辑电路有两大类：一类是组合逻辑电路；另一类是时序逻辑电路。组合逻辑电路的输出只与当时的输入有关，而与电路以前的状态无关。时序逻辑电路是一种与时序有关的逻辑电路，它以组合电路为基础，又与组合电路不同。时序逻辑电路的特点是，在任何时刻电路产生的稳定输出信号不仅与该时刻电路的输入信号有关，还与电路过去的状态有关。所以，时序逻辑电路都是由组合电路和存储电路两部分组成的。下面通过分析图 4-2 所示的电路说明时序逻辑电路的特点。

电路由两部分组成：一部分是由一位全加器构成的组合电路；一部分是由 D 触发器构成的存储电路。A_i 和 B_i 为串行数据输入，S_i 为串行数据输出。A_0 和 B_0 作为串行数据输入的第 1 组数送入全加器，产生第 1 个本位和输出 S_0 及第 1 个进位输出 C_0，当 CP 上升沿到达时，C_0 作为 D 触发器的驱动信号到达 Q 端，成为全加器第 2 次相加的 C_{i-1} 信号。可见，全加器执行 A_i、B_i、C_{i-1} 这 3 个数的相加运算，D 触发器负责记录每次相加后的进位结果。由以上分析可知，如图 4-2 所示的逻辑功能是串行加法器。它的结构、特点与组合电路完全不同。

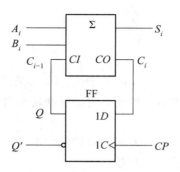

图 4-2 串行加法器电路

时序逻辑电路的结构如图 4-3 所示，它由组合逻辑和存储电路两部分构成。其中，$X(x_1, x_2, \cdots, x_i)$ 为时序电路的外部输入；$Y(y_1, y_2, \cdots, y_i)$ 为时序电路的外部输出；$Q(q_1, q_2, \cdots, q_i)$ 为时序电路的内部输入（或状态）；$Z(z_1, z_2, \cdots, z_k)$ 为时序电路的内部输出（或称为驱动）。

时序电路的组合逻辑部分用来产生电路的输出和驱动，存储电路部分是用其不同的状态 $(q_1, q_2, \cdots, q_i)$ "记忆"电路过去的输入情况。设时间 t 时刻记忆器件的状态输出为 $Q(q_1, q_2, \cdots, q_i)$，称为时序电路的现态。那么，在该时刻的输入 X 及现态 Q 的共同作用下，组合电路将产生输出 Y 及驱动 Z。而驱动用来建立存储电路的新状态输出，用图 4-3 所示时序电路逻辑功能的一般表达式 q_1^*，q_2^*，$\cdots$，q_i^* 表示，称为次态。

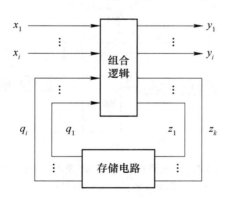

图 4-3 时序逻辑电路结构

综上所述，时序电路可由式（4-1）~式（4-3）描述。

$$y_n = y_n(x_1, x_2, \cdots, x_i, q_1, q_2, \cdots, q_i) \quad (n = 1, 2, \cdots, j) \tag{4-1}$$

$$z_p = z_p(x_1, x_2, \cdots, x_i, q_1, q_2, \cdots, q_i) \quad (p = 1, 2, \cdots, k) \tag{4-2}$$

$$q_m^* = q_m(x_1, x_2, \cdots, x_i, q_1, q_2, \cdots, q_i) \quad (m = 1, 2, \cdots, l) \tag{4-3}$$

其中，式（4-1）为输出方程；式（4-2）为驱动方程（或激励方程）；式（4-3）称为状态方程。上述方程表明，时序电路的输出和次态是现时刻的输入和状态的函数。需要指出的是，状态方程是建立电路次态所必需的，是构成时序电路最重要的方程。

二、时序逻辑电路的分类

（一）按 CP 作用分类

按 CP 作用分类，时序电路可分为同步时序逻辑电路和异步时序逻辑电路。

同步时序逻辑电路：电路中各触发器的时钟脉冲均来自同一个时钟脉冲，触发器的变化是同时的。

异步时序逻辑电路：电路中各触发器的时钟脉冲不是来自同一个时钟脉冲，是分散连接的，触发器的状态变化不是同时进行的。

（二）按电路输出信号分类

按电路输出信号的特性分类，时序逻辑电路可分为摩尔型和米利型。

摩尔型（Moore）：输出信号仅取决于电路原来的状态。

米利型（Mealy）：输出信号不仅取决于电路原来的状态，而且还取决于电路的输入信号。

摩尔型和米利型时序逻辑电路可用图 4-4 所示的电路模型来表示。

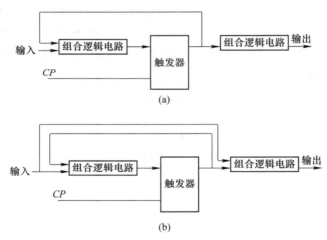

图 4-4　摩尔型和米利型时序逻辑电路模型
（a）摩尔型；（b）米利型

（三）按逻辑功能分类

按逻辑功能分类，时序逻辑电路可分为计数器、寄存器、移位寄存器、读/写存储器、顺序脉冲发生器等。

三、时序逻辑电路的表示方法

时序逻辑电路中用"状态"来描述时序问题。使用"状态"概念后，就可以将输入和输出中的时间变量去掉，直接用表示式说明时序逻辑电路的功能。所以"状态"是时序逻辑电路中非常重要的概念。

把正在讨论的状态称为"现态"，用符号 Q 表示；把在时钟脉冲 CP 作用下将要发生的状态称为"次态"，用符号 Q^* 表示。描述次态的方程称为状态方程，一个时序逻辑电路的主要特征是由状态方程给出的。因此，状态方程在时序逻辑电路的分析与设计中十分重要。

用于描述时序逻辑电路状态转换全部过程的方法主要是状态表和状态图。它们不仅能说明输出与输入之间的关系，同时还表明了状态的转换规律。两种方法相辅相成，经常配合使用。

（一）状态表

在时序逻辑电路中状态转换关系用表格方式表示，称为状态表。具体做法是将任意一组输入变量及存储电路的初始状态取值，代入状态方程和输出方程表达式进行计算，可以求出存储电路的下一状态（次态）和输出值；把得到的次态又作为新的初态，和这时的输入变量取值一起，再代入状态方程和输出方程进行计算，得到存储电路新的次态和输出值。如此继续下去，将全部的计算结果列成真值表的形式，从而得到状态表。

【例 4-1】 用状态表表示图 4-5 所示米利型时序电路。

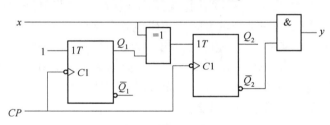

图 4-5　例 4-1 米利型时序电路

解： 该电路的输入为 x，输出为 $y = x\overline{Q_2}$，设触发器 Q_2 和 Q_1 的初始状态为 $Q_2Q_1 = 00$。若 $x = 0$，则当第 1 个 CP 脉冲到来时，由于 $T_1 = 1$，触发器 Q_1 翻转为 1，而 $T_2 = 0$，触发器 Q_2 保持 0 不变，即 Q_2Q_1 转换为 01，输出 $y = 0$；同理，第 2 个 CP 脉冲到来时，Q_2Q_1 转换为 10，$y = 0$；第 3 个脉冲到来时，Q_2Q_1 转换为 11，$y = 0$。以此类推，当 $x = 0$ 时，Q_2Q_1 的状态转换规律为 00→01→10→11→00→…，输出 y 总为 0。

同理可以分析出，当 $x = 1$ 时，Q_2Q_1 的状态转换规律为 00→11→10→01→00→…，输出 y 相应为 1→0→0→1→1→…。

该电路的内部状态有 4 个：00，01，10 和 11，分别用状态 q_0，q_1，q_2 和 q_3 表示。由此列出例 4-1 的状态表见表 4-1。

表 4-1　例 4-1 的状态表

现态	输入 x	
	0	1
q_0	$q_1/0$	$q_3/1$
q_1	$q_2/0$	$q_0/1$
q_2	$q_3/0$	$q_1/0$
q_3	$q_0/0$	$q_2/0$

状态表上方从左到右列出输入的全部组合，状态表左边从上到下列出电路的全部状态作为现态，状态表的中间列出对应不同输入和现态下的次态和输出。见表 4-1 中间部分的第 2 行第 1 列的单元格表示，处于状态 q_1（$Q_2Q_1=01$）的时序逻辑电路，当输入 $x=0$ 时，输出 $y=0$，在时钟脉冲 CP 的作用下，电路进入次态 q_2（$Q_2Q_1=10$）。

【例 4-2】　用状态表表示图 4-6 所示的摩尔型时序电路。

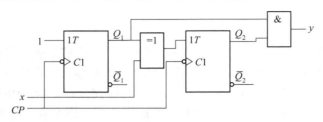

图 4-6　例 4-2 的摩尔型时序电路

解：该电路的工作情况与图 4-5 相同。输出 $y=Q_2Q_1$，它与电路的输入 x 无关，而只与电路的状态有关，因此是一个摩尔型时序逻辑电路。当输入 $x=0$ 时，Q_2Q_1 的状态转换规律为 $00\rightarrow01\rightarrow10\rightarrow11\rightarrow00\rightarrow\cdots$，相应的输出 y 为 $0\rightarrow0\rightarrow0\rightarrow1\rightarrow0\rightarrow\cdots$；当输入 $x=1$ 时，Q_2Q_1 的状态转换为 $00\rightarrow11\rightarrow10\rightarrow01\rightarrow00\rightarrow\cdots$，相应的输出 y 为 $0\rightarrow1\rightarrow0\rightarrow0\rightarrow0\rightarrow\cdots$。同样，该电路的内部状态有 4 个：00，01，10 和 11，分别用状态 q_0，q_1，q_2 和 q_3 来表示。

由此列出例 4-2 的状态表，见表 4-2。

表 4-2　例 4-2 的状态表

现态	输入 x		输出 y
	0	1	
q_0	q_1	q_3	0
q_1	q_2	q_0	0
q_2	q_3	q_1	0
q_3	q_0	q_2	1

由于摩尔型时序逻辑电路的输出 y 仅与电路的状态有关，因此将输出单独作为一列，其值完全由现态确定。以表 4-2 中第 2 行（现态为 q_1 的行）为例说明时序逻辑电路状态表的读法：当电路处于状态 q_1（$Q_2Q_1=01$）时，输出 $y=0$。若输入 $x=0$，在时钟脉冲 CP 的作用下，电路进入次态 q_2（$Q_2Q_1=10$）；若输入 $x=1$，在时钟脉冲 CP 的作用下，电路进入次态 q_0（$Q_2Q_1=00$）。

（二）状态图

在时序逻辑电路中，状态转换关系用图形方式表示，称为状态图（或状态转换图）。米利型时序逻辑电路的状态图如图 4-7 所示。

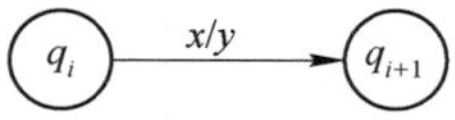

$$q_i \xrightarrow{x/y} q_{i+1}$$

图 4-7　米利型时序逻辑电路状态图

在状态图中，每个状态 q_i 用一个圆圈表示，用带箭头的直线或弧线表示状态的转换方向，并把引起这一转换的输入条件和相应的输出条件标注在有向线段的旁边（x/y）。例如，可将表 4-1 所示电路的状态表描述为图 4-8 所示的状态图。

摩尔型时序电路的状态图中，输出 y 与状态 q 写在一起，表示 y 只与状态有关，即在圆圈内标以 q/y；输入仍标在有向线段的旁边。将表 4-2 所示的电路状态表转换为如图 4-9 所示的状态图。

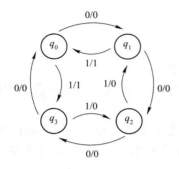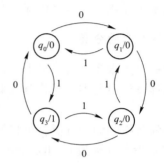

图 4-8　例 4-1 电路的状态图　　　图 4-9　例 4-2 电路的状态图

基础夯实

（1）电路如图 4-10 所示，试分析其功能。

1）写出驱动方程、次态方程和输出方程。

2）列出状态表，并画出状态图和时序波形。

（2）时序电路如图 4-11 所示。

1）写出该电路的状态方程、输出方程。

2）列出状态表，画出状态图。

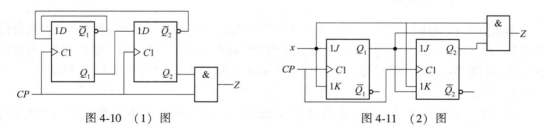

图 4-10　（1）图　　　　　　　　　图 4-11　（2）图

第二节　触　发　器

一、触发器概述

（一）触发器的定义

前面介绍了组合逻辑电路的分析和设计，组合逻辑电路的特点是没有记忆功能，即在任一时刻，电路的输出仅取决于该时刻的输入，与该电路原来的状态无关。本章开始讨论时序电路，该电路的特点是电路具有记忆功能，即任一时刻，电路的输出不仅取决于该时刻的输入，还与电路原来的状态有关。触发器就是能够实现记忆功能的器件，各种时序电路通常都是由触发器构成的。

触发器有两个能够保持的稳定状态（分别为 1 和 0），状态用 Q 和 Q' 表示。若输入不发生变化，触发器必定处于其中的某一个稳定状态，并且可以长期保持下去。在输入信号的作用下，触发器可以从一个稳定状态转换到另一个稳定状态，并再继续稳定下去，直到下一次输入发生变化，才可能再次改变状态。

（二）触发器的分类

触发器的种类很多，可按以下几种方式进行分类。

根据晶体管性质分类，可将触发器分为双极型晶体管集成电路触发器和 MOS 型集成电路触发器。

根据存储数据的原理分类，可将触发器分为静态触发器（靠电路状态的自锁来存储数据）和动态触发器（通过在 MOS 管栅极输入电容上存储电荷来存储数据），本章只介绍静态触发器。

根据输入端是否有时钟脉冲分类，可将触发器分为基本触发器和时钟控制触发器。

根据电路结构的不同分类，可将触发器分为基本触发器、同步触发器、维持阻塞触发器、主从触发器、边沿触发器。

根据触发方式的不同分类，可将触发器分为电平触发器、主从触发器、边沿触发器。

根据逻辑功能的不同分类，可将触发器分为 SR 触发器、D 触发器、JK 触发器、T 触发器和 T′ 触发器。

二、触发器的逻辑功能

（一）RS/SR 触发器

当置位"S"和复位"R"信号同时为 1 时的优先级有区别时，RS 触发器当置位和复位信号均为 1 时，输出为 1，置位优先；SR 触发器当置位和复位信号均为 1 时，输出为 0，复位优先。基本触发器也被称为锁存器，是一种最简单的触发器。以下重点介绍基本 RS 触发器。

1. 电路结构

由与非门构成的基本 RS 触发器如图 4-12 所示。由图可见，电路结构中存在反馈；Q、$\overline{Q}$ 为触发器的输出，S_D、R_D 为输入。

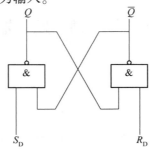

图 4-12　由与非门构成的基本 RS 触发器

2. 工作原理

（1） $S_D = 0$， $R_D = 1$：无论触发器原来处于何种状态，由于 $S_D = 0$，则 $Q = 1$， $\overline{Q} = 0$，触发器处于"1"态（或称置位状态）。触发器的状态是由 S_D 所决定的，称 S_D 为直接置位端。

（2） $S_D = 1$， $R_D = 0$：无论触发器原来处于何种状态，由于 $R_D = 0$，则 $Q = 0$，则 $\overline{Q} = 1$，触发器处于"0"态（或称复位状态）。触发器的状态是由 R_D 所决定的，称 R_D 为直接复位端。

（3） $S_D = 1$， $R_D = 1$：由图 4-12 可得， $Q^{n+1} = S_D \overline{\overline{Q^n}} = Q^n$，触发器维持原来状态不变。

（4） $S_D = 0$， $R_D = 0$：此时无法确定触发器的状态。一般这是不允许的，因此触发器的输入端 S_D、 R_D 不能同时为 0。

3. 功能描述与动作特点

由上一章可知，描述逻辑函数可以用真值表、逻辑表达式、逻辑图、波形图等基本形式。与逻辑函数类似，描述触发器逻辑功能的方法有：特性表、特性方程、状态转换图、时序图。

（1） 特性表：将触发器的输入信号、触发器的初态和触发器的次态列写为真值表的形式，称之为特性表，或称之为状态真值表［激励表（Excitation Table）或驱动表（Driving Table）］。与非门构成的基本 RS 触发器特性表见表 4-3。

表 4-3　基本 RS 触发器特性表

S_D	R_D	Q^n	Q^{n+1}
0	0	0	不定
0	0	1	不定
0	1	0	1
0	1	1	1
1	0	0	0
1	0	1	0
1	1	0	0
1	1	1	1

（2） 特性方程：如果将特性表看成一个真值表，触发器的输入信号与初态作为逻辑函数的输入，触发器的次态作为逻辑函数的输出，则可列写出关于次态函数的特性方程

$$\begin{cases} Q^{n+1} = \overline{S}_D + R_D Q^n \\ S_D + R_D = 1 \text{ 或 } \overline{S}_D \overline{R}_D = 0 (\text{约束条件}) \end{cases} \tag{4-4}$$

式（4-4）中的约束条件，限制了输入信号 S_D、 R_D 不能同时为 0，以避免出现不定状态。

（3） 状态转换图：简称状态图，是用来表示触发器状态变化的图形。在状态转换图中，用圆圈表示触发器的状态，用带有箭头的弧线表示状态的转换，箭尾表示触发器的初

态，箭头指向触发器的次态，并标明状态转换时的输入条件。与非门构成的基本 RS 触发器的状态转换图如图 4-13 所示。

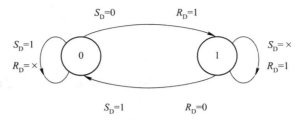

图 4-13　基本 RS 触发器状态转换图

由以上分析可知，基本 RS 触发器的状态由输入电平信号决定，输入信号在全部作用时间里都能直接改变输出 Q 和 $\overline{Q}$ 的状态，因此也称其为电平控制的触发器。

4. 逻辑符号

与非门构成的基本 RS 触发器的逻辑符号如图 4-14（a）所示，图中的小圆圈表示当低电平或负脉冲作用于输入端时，触发器才能翻转，此时称输入信号为低电平有效或低电平触发。也可以在输入信号上增加非号表示低电平有效，这时非号已经失去了取反的意义。

基本 RS 触发器除了可用与非门构成外，还可用或非门构成，其输入信号为高电平有效。读者可自行分析其工作原理。或非门构成的基本 RS 触发器的逻辑符号如图 4-14（b）所示。

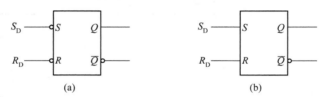

图 4-14　基本 RS 触发器的逻辑符号

（a）与非门构成基本 RS 触发器；（b）或非门构成基本 RS 触发器

（二）JK 触发器

JK 触发器具有保持、置 0、置 1 和翻转功能。它的逻辑符号如图 4-15 所示。

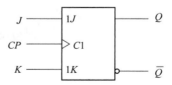

图 4-15　JK 触发器的逻辑符号

1. 功能描述

JK 触发器的特性表见表 4-4，可以看出 J、K 的不同组合取值，它具有保持、置 0、置 1 和翻转功能。

表 4-4　JK 触发器的特性表

J	K	Q^n	Q^{n+1}
0	0	0	0
0	0	1	1
0	1	0	0
0	1	1	0
1	0	0	1
1	0	1	1
1	1	0	1
1	1	1	0

JK 触发器的特性议程为

$$Q^{n+1} = J\overline{Q^n} + \overline{K}Q^n \tag{4-5}$$

JK 触发器的状态图如图 4-16 所示。

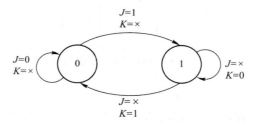

图 4-16　JK 触发器的状态图

2. 集成 JK 触发器

7476 是常用的 JK 触发器，它包括 2 个 JK 触发器，电路的外部引脚排列如图 4-17 所示。7476 芯片共有 16 个引脚。

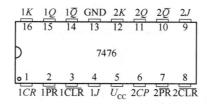

图 4-17　7476 芯片引脚排列

7476 的逻辑功能见表 4-5，当异步置位端 $\overline{PR}$ 为低电平，异步清零端 $\overline{CLR}$ 为高电平时，输出端 Q 为高电平；当异步清零端 $\overline{CLR}$ 为低电平，异步置位端 $\overline{PR}$ 为高电平时，输出端 Q 为低电平；当 $\overline{PR}$ 和 $\overline{CLR}$ 均为高电平时，时钟 CP 上升沿时触发 Q 变化，根据 J、K 的不同组合取值，实现保持、置 0、置 1 和翻转功能。

表 4-5   7476 的逻辑功能

输入					输出	
$\overline{PR}$	$\overline{CLR}$	CP	J	K	Q	$\overline{Q}$
L	H	×	×	×	H	L
H	L	×	×	×	L	H
H	H	↑	L	L	Q^*	$\overline{Q^*}$
H	H	↑	H	L	H	L
H	H	↑	L	H	L	H
H	H	↑	H	H	$\overline{Q^*}$	Q^*

注："H" 表示高电平 1；"L" 表示低电平 0；"×" 表示不确定；"↑" 表示时钟的上升沿；"Q^*" 表示时钟上升沿前 Q 的状态。

（三）D 触发器

D 触发器具有置 0 和置 1 的功能，它的逻辑符号如图 4-18 所示。

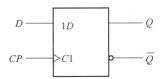

图 4-18   D 触发器的逻辑符号

1. 功能描述

D 触发器的特性表见表 4-6，可以看出，它具有置 0 和置 1 的功能。

表 4-6   D 触发器的特性表

D	Q^n	Q^{n+1}
0	0	0
0	1	0
1	0	1
1	1	1

D 触发器的特性方程为

$$Q^{n+1} = D \tag{4-6}$$

D 触发器的状态图如图 4-19 所示。

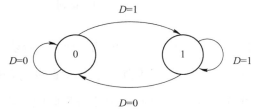

图 4-19   D 触发器的状态图

2. 集成 D 触发器

74175 是集成 D 触发器，它包括 4 个 D 触发器，电路的外部引脚排列如图 4-20 所示。74175 芯片共有 16 个引脚，第 1 引脚为清零端 $\overline{CR}$，第 9 引脚为时钟 CP。

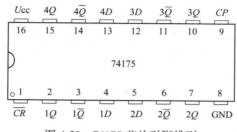

图 4-20　74175 芯片引脚排列

74175 的逻辑功能见表 4-7，当清零端 $\overline{CR}$ 为低电平时，输出端被清零；当清零端 $\overline{CR}$ 为高电平时，若时钟 CP 为上升沿时触发 Q 变化，若 CP 为高低电平时，输出保持不变。

表 4-7　74175 的逻辑功能

输入						输出			
$\overline{CR}$	CP	$1D$	$2D$	$3D$	$4D$	$1Q$	$2Q$	$3Q$	$4Q$
L	×	×	×	×	×	L	L	L	L
H	↑	$1D$	$2D$	$3D$	$4D$	$1D$	$2D$	$3D$	$4D$
H	H	×	×	×	×	保持			
H	L	×	×	×	×	保持			

注："H" 表示高电平 1；"L" 表示低电平 0；"×" 表示不确定；"↑" 表示时钟的上升沿。

（四）T 触发器

T 触发器具有保持和翻转功能。它的逻辑符号如图 4-21 所示。

T 触发器的特性表见表 4-8，可以看出当 $T=0$ 时，具有保持功能；当 $T=1$ 时，具有翻转功能。

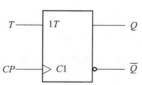

图 4-21　T 触发器的逻辑符号

表 4-8　T 触发器的特性表

T	Q^n	Q^{n+1}
0	0	0
0	1	1
1	0	1
1	1	0

T 触发器的特性方程为

$$Q^{n+1} = T\overline{Q^n} + \overline{T}Q^n \tag{4-7}$$

T 触发器的状态图如图 4-22 所示。

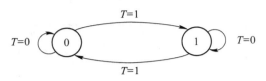

图 4-22　T 触发器的状态图

三、触发器之间的转换

（一）转换的方法

由于目前生产的集成触发器只有 JK 和 D 触发器两种，如果需要使用其他逻辑功能的触发器，则只能利用逻辑功能的转换方法，将 D 或 JK 触发器转化成所需功能的触发器。所谓触发器之间的转换（Conversion Between Flip-Flops），就是利用一个已有的触发器和适当的逻辑门电路配合，实现另一类型触发器的功能。

转化时应先根据已有触发器和待求触发器的逻辑功能，寻找其相互联系的规律。图 4-23 所示为反映转换要求的示意图。转换的方法是：令待求触发器特性方程与已有触发器特性方程相等，从而导出待求触发器各变量与已有触发器的输入信号之间的关系。具体的转换步骤可归纳如下。

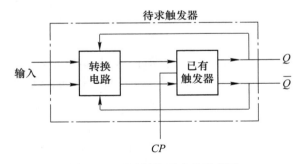

图 4-23　反映转换要求的示意图

（1）写出已有触发器和待求触发器的特性方程。
（2）变换待求触发器的特性方程，使其在形式上与已有触发器的特性方程一致。
（3）根据变量相同，系数相等，方程一定相等的原则，写出二者输入信号之间的关系。
（4）画出转换电路。
值得注意的是，新触发器具有已有触发器的触发特性。

（二）JK 触发器到 D、T 和 RS 触发器的转换

已有触发器为 JK 触发器，其特性方程为

$$Q^{n+1} = J\overline{Q^n} + \overline{K}Q^n \tag{4-8}$$

表示了 JK 触发器的逻辑功能。

（1）JK 触发器转换为 D 触发器：D 触发器的特性方程为

$$Q^{n+1} = D \tag{4-9}$$

变换式（4-8），使之与式（4-9）相同，即

$$Q^{n+1} = D = D(Q^n + \overline{Q^n}) = DQ^n + D\overline{Q^n} = J\overline{Q^n} + \overline{K}Q^n$$

可得 $J = D$，$K = \overline{D}$，JK 触发器转换为 D 触发器。画出转换电路，如图 4-24 所示。此时 D 触发器是在时钟脉冲的下降沿翻转的。

（2）JK 触发器转换为 T 触发器：T 触发器的特性方程为

$$Q^{n+1} = \overline{T}Q^n + T\overline{Q^n} \tag{4-10}$$

令式（4-10）与式（4-8）相等，即

$$Q^{n+1} = \overline{T}Q^n + T\overline{Q^n} = J\overline{Q^n} + \overline{K}Q^n$$

可得 $J = K = T$，JK 触发器转换为 T 触发器。画出转换电路，如图 4-25 所示。

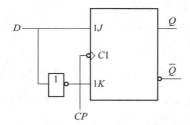

图 4-24　JK 触发器转换为 D 触发器

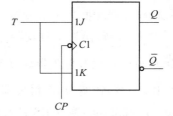

图 4-25　JK 触发器转换为 T 触发器

如果令 $J = K = T = 1$，则转换为 T′触发器，画出转换电路，如图 4-26 所示。

同理，由 JK 触发器转换的 T 触发器和 T′触发器均为下降沿翻转。

（3）JK 触发器转换为 RS 触发器：RS 触发器的特性方程为

$$\begin{cases} Q^{n+1} = S + \overline{R}Q^n \\ SR = 0(约束条件) \end{cases} \tag{4-11}$$

变换表达式（4-11），使之具有式（4-8）的形式，即

$$\begin{aligned} Q^{n+1} &= S + \overline{R}Q^n \\ &= S(Q^n + \overline{Q^n}) + \overline{R}Q^n \\ &= S\overline{Q^n} + \overline{R}Q^n + SQ^n(R + \overline{R}) \\ &= S\overline{Q^n} + \overline{R}Q^n + S\overline{R}Q^n + SRQ^n \\ &= S\overline{Q^n} + \overline{R}Q^n + SRQ^n \end{aligned}$$

由于 RS 触发器具有约束条件 $S \cdot R = 0$，从而得到

$$Q^{n+1} = S\overline{Q^n} + \overline{R}Q^n \tag{4-12}$$

比较式（4-12）与式（4-8），得 $J=S$，$K=R$，JK 触发器转换为 RS 触发器。画出转换电路，如图 4-27 所示。

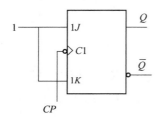

图 4-26　JK 触发器转换为 T′触发器

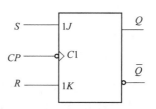

图 4-27　JK 触发器转换为 RS 触发器

注意，此时的 JK 触发器仍然具有约束条件。

（三）D 触发器到 JK、T 和 RS 触发器的转换

（1）D 触发器转换为 JK 触发器：比较式（4-9）与式（4-8），若令 $D = J\overline{Q^n} + \overline{K}Q^n$，则两式相等，D 触发器转换为 JK 触发器，画出转换电路，如图 4-28 所示。

（2）D 触发器转换为 T 触发器：比较式（4-9）与式（4-10），若令 $D = T \oplus Q^n$，则两式相等，D 触发器转换为 T 触发器，画出转换电路，如图 4-29 所示。

若令 $D = \overline{Q^n}$，则 D 触发器转换为 T′触发器，画出转换电路，如图 4-30 所示。

（3）D 触发器转换为 RS 触发器：比较式（4-9）与式（4-11），若令 $D = S + \overline{R}Q^n$，则两式相等，D 触发器转换为 RS 触发器，画出转换电路，如图 4-31 所示。

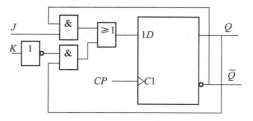

图 4-28　D 触发器转换为 JK 触发器

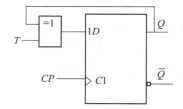

图 4-29　D 触发器转换为 T 触发器

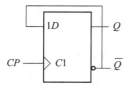

图 4-30　D 触发器转换为 T′触发器

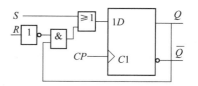

图 4-31　D 触发器转换为 RS 触发器

JK 触发器和 D 触发器是目前数字电路中最常用的触发器，产品各类比较多。表 4-9 列出了常用的集成触发器的型号及其功能。

表 4-9 常用集成触发器的型号及其功能

型 号	功 能
74LS/ALS74（H，S，L）	双 D 触发器，上升沿触发
74LS75	四 D 锁存器
74LS/ALS109	双 JK 触发器，上升沿触发
74LS/ALS112（S）	双 JK 触发器，下降沿触发
74LS/ALS113（S）	双 JK 触发器，下降沿触发，仅含预置端
74LS/ALS114（S）	双 JK 触发器，下降沿触发，共用时钟、共用复位
74LS/ALS174（S）	六 D 触发器，共用清零
74LS/ALS175（S）	四 D 触发器，共用时钟
74LS/ALS273	八 D 触发器，带异步清零
74LS/ALS373	八 D 锁存器，三态输出
74LS/ALS274	八 D 触发器，含输出使能，三态输出
CD4013	双主从 D 触发器
CD4027	双 JK 触发器
CD4042	四锁存 D 触发器
CD4043	四三态 RS 锁存触发器（"1"触发）
CD4044	四三态 RS 锁存触发器（"0"触发）
CD4095	3 输入端 JK 触发器
CD40175	四 D 触发器

四、触发器的工作原理

（一）电平触发器

前面介绍的锁存器的输出直接由输入信号控制，但工程实际中常常要求数字系统中的各个触发器，在规定的时刻按照各自输入信号决定的状态同步触发翻转，这就要求有一个同步信号来控制，这个控制信号称为时钟信号，简称时钟（clock），用 CLK 或 CP 表示。这种受时钟控制的触发器统称为时钟触发器，也称为同步触发器。

电平触发器为时钟触发器的一种，只有在触发信号变为有效电平后，触发器才能按照输入信号进行相应状态的变化。在电平触发器中，除了原来的两个输入端外，还增加了一个时钟信号输入端，图 4-32（a）为电平 SR 触发器电路结构，图 4-32（b）为其逻辑图形符号。

如图 4-32（a）所示的电路结构，可知其工作原理如下。

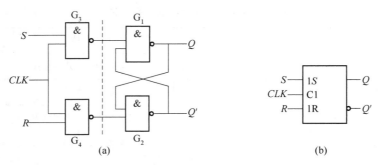

图 4-32　电平 SR 触发器

（a）电路结构；（b）逻辑图形符号

（1）当 $CLK=0$ 时，门 G_3 和 G_4 被封锁，输出为高电平。

输入 S、R 无法通过 G_3 和 G_4 影响 G_1 和 G_2 的输出，对于由 G_1 和 G_2 构成的 SR 锁存器，触发器保持原态，即 $Q^*=Q$。

（2）当 $CLK=1$ 时，门 G_3 和 G_4 开启，触发器输出由 S 和 R 决定。

1）当输入 $S=0$、$R=0$ 时，G_3 和 G_4 输出均为 1，则对于由 G_1 和 G_2 构成的 SR 锁存器，输出继续保持原态，即 $Q^*=Q$。

2）当 $S=0$、$R=1$ 时，G_3 输出为 1，G_4 输出为 0，则对于由 G_1 和 G_2 构成的 SR 锁存器，相当于置 0 态，即输出 $Q^*=0$。

3）当 $S=1$、$R=0$ 时，G_3 输出为 0，G_4 输出为 1，则对于由 G_1 和 G_2 构成的 SR 锁存器，相当于置 1 态，即输出 $Q^*=1$。

4）当 $S=1$、$R=1$ 时，G_3 输出为 0，G_4 输出为 0，则对于由 G_1 和 G_2 构成的 SR 锁存器，相当于不定态，即输出 $Q^* = \overline{Q^*} = 1$。

电平 SR 触发器特性表见表 4-10。

表 4-10　电平 SR 触发器特性表

CLK	S	R	Q	Q^*	说明
0	×	×	0	0	保持
0	×	×	1	1	保持
1	0	0	0	0	保持
1	0	0	1	1	保持
1	0	1	0	0	置 0
1	0	1	1	0	置 0
1	1	0	0	1	置 1
1	1	0	1	1	置 1
1	1	1	0	1 *	禁态
1	1	1	1	1 *	禁态

由表 4-10 可知，当 $CLK=0$ 时，输出不随输入信号的变化而变化；只有在 $CLK=1$ 时，触发器的输出才会受到输入信号 S、R 的控制改变状态，此时该触发器的特性与 SR 锁存器

一致，也同样具有禁态，即同样具有 $SR=0$ 的约束条件。

有时，在使用时需要在时钟 CLK 到来之前，先将触发器预置成指定状态，故实际的同步 SR 触发器有的设置了异步置位端 $\overline{S}_\mathrm{D}$ 和异步复位端 $\overline{R}_\mathrm{D}$，其电路及逻辑图形符号如图 4-33 所示。

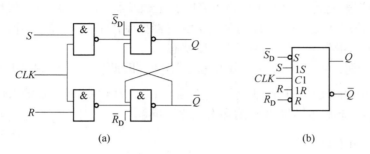

(a) (b)

图 4-33 带异步置位、复位端的电平 SR 触发器
（a）电路结构；（b）逻辑图形符号

由图 4-33（a）所示的电路图可以看出，$\overline{S}_\mathrm{D}$ 和 $\overline{R}_\mathrm{D}$ 不受时钟信号 CLK 的控制，且低电平有效，即当 $\overline{S}_\mathrm{D}=0$，$\overline{R}_\mathrm{D}=1$ 时，电路输出为 1；当 $\overline{S}_\mathrm{D}=1$，$\overline{R}_\mathrm{D}=0$ 时，电路输出为 0。这种不受同一时钟控制的方式称为异步。要注意的一点是：在实际应用中，异步置位或复位应在 $CLK=0$ 的状态下进行，否则预置状态不一定能保存下来。

（二）脉冲触发器

为了避免空翻现象，提高触发器工作的可靠性，希望在每个 CLK 期间输出端的状态只改变一次，则在电平触发器的基础上设计出脉冲触发器。主从触发器就是脉冲触发器的典型结构。主从触发器采用主从结构，由两个电平触发器构成，分别为主触发器和从触发器，两个电平触发器的触发电平刚好相反，由此构成脉冲触发器。如图 4-34 所示，此电路结构为主从 SR 触发器，与非门 $G_5 \sim G_8$ 构成主触发器，与非门 $G_1 \sim G_4$ 构成从触发器，主触发器的输出端作为从触发器的输入，它们的时钟通过非门连在一起，主触发器时钟为 CLK，从触发器时钟为 CLK'。

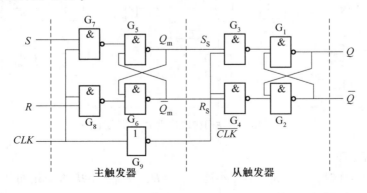

图 4-34 主从 SR 触发器电路

94

脉冲触发器的工作原理如下。

在 RS 触发器中，接收输入信号和输出信号是分两步进行的。

（1）接收输入信号过程。在 $CP=1$ 期间，$\overline{CP}=0$，主触发器控制门 G_7、G_8 被打开，接收输入信号 R、S，从触发器控制门 G_3、G_4 封锁，其状态保持不变。

（2）输出信号过程。当 CP 下降沿到来时，主触发器控制门 G_7、G_8 被封锁，在 $CP=1$ 期间接收的信息被存储起来。与此同时，从触发器控制门 G_3、G_4 被打开，主触发器将其接收的内容送入从触发器，输出端随之改变状态。

在 $CP=0$ 期间，由于主触发器保持状态不变，因此，受其控制地从触发器的状态（Q、$\overline{Q}$ 的值）不可能改变，从而解决了"空翻"（在 $CP=1$ 期间，若输入信号 S、R 出现多次变化，就会引起触发器输出 Q 的多次变化）问题。

（三）边沿触发器

如图 4-35 所示为用两个电平触发的 D 触发器组成的边沿 D 触发器。

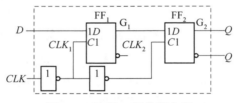

图 4-35　边沿 D 触发器电路

其工作原理如下。

（1）当 $CLK=0$ 时，触发器状态不变，FF_1 的输出状态与 D 相同。

（2）当 $CLK=1$，即上升沿到来时，触发器 FF_1 的状态与边沿到来之前的 D 状态相同并保持。而与此同时，FF_2 输出 Q 的状态被置成边沿到来之前的 D 的状态，而与其他时刻 D 的状态无关。

如图 4-36 所示为利用 CMOS 传输门的边沿 D 触发器电路。

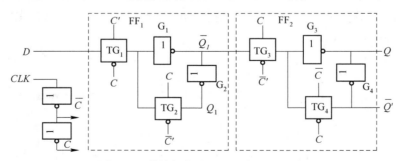

图 4-36　传输门构成边沿 D 触发器电路

其工作原理如下。

（1）在 $CLK=0$ 时，TG_1 通，TG_2 不通，$Q_1=D$，Q_1 随着 D 的变化而变化；TG_3 不通，TG_4 通，Q 保持，反馈通路接通。

（2）在 CLK 上升沿到来时，TG_1 不通，TG_2 通，此时输入 D 无法控制触发器的输出；TG_3 通，TG_4 不通，上升沿来临一瞬间的 D 传输到输出端，$Q^* = D$。

（3）在 $CLK = 1$ 时，TG_1 不通，TG_2 通，此时输入 D 无法控制触发器的输出，Q 保持。

由此可见，这是一个上升沿触发的 D 触发器，上升沿触发边沿 D 触发器的逻辑图形符号如图 4-37 所示。

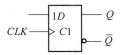

图 4-37　上升沿触发边沿 D 触发器的逻辑图形符号

思维延展

如何有效实现二分频、四分频？

基础夯实

（1）N 个触发器可以构成能寄存_____位二进制数码的寄存器。

A. $N-1$　　　　　B. N　　　　　C. $N+1$　　　　　D. 2^N

（2）一个触发器可记录一位二进制代码，它有_____个稳态。

A. 0　　　　　B. 1　　　　　C. 2　　　　　D. 3

（3）对于 D 触发器，欲使 $Q^{n+1} = Q^n$，应使输入 $D = $_____。

A. 0　　　　　B. 1　　　　　C. Q　　　　　D. $\overline{Q}$

（4）存储 8 位二进制信息需要_____个触发器。

A. 2　　　　　B. 3　　　　　C. 4　　　　　D. 8

（5）对于 T 触发器，若原态 $Q^n = 0$，欲使新态 $Q^{n+1} = 1$，应使输入 $T = $_____。

A. 0　　　　　B. 1　　　　　C. Q　　　　　D. $\overline{Q}$

（6）在下列触发器中，有约束条件的是_____。

A. 主从 JK 触发器　　　　　B. 主从 D 触发器

C. 同步 RS 触发器　　　　　D. 边沿 D 触发器

（7）对于 JK 触发器，若 $J = K$，则可完成_____触发器的逻辑功能。

A. RS　　　　　B. D　　　　　C. T　　　　　D. T'

第三节　时序电路分析方法

一、同步时序逻辑电路的分析方法

同步时序逻辑电路分析的一般步骤如下。

（1）从给定的逻辑电路图中写出各触发器的驱动方程，即每个触发器输入控制端的函数表达式，有的文献也称为激励方程。

（2）将驱动方程代入相应触发器的特性方程，得到各触发器的状态方程（又称为次态方程），从而得到由这些状态方程组成的整个时序电路的状态方程组。

（3）根据逻辑电路图写出输出方程。

（4）根据状态方程、输出方程列出电路的状态表，画出状态图。

（5）对电路可用文字概括其功能，也可做出时序图或波形图。

【例 4-3】　分析如图 4-38 所示时序逻辑电路。

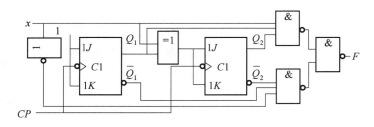

图 4-38　例 4-3 的时序逻辑电路

解：该时序电路由两个 JK 触发器和门电路构成，为同步时序电路，因此时钟脉冲 CP 方程可以省略。

（1）由给定电路图写出驱动方程为

$$\begin{cases} J_1 = K_1 = 1 \\ J_2 = K_2 = x \oplus Q_1 \end{cases} \tag{4-13}$$

（2）将驱动方程代入相应触发器的特性方程，得到各触发器的状态方程为

$$\begin{cases} Q_1^* = J_1 \cdot \overline{Q_1} + \overline{K_1} \cdot Q_1 = \overline{Q_1} \\ Q_2^* = J_2 \cdot \overline{Q_2} + \overline{K_2} \cdot Q_2 = x \oplus Q_1 \oplus Q_2 \end{cases} \tag{4-14}$$

（3）根据逻辑电路图写出输出方程为

$$F = (\overline{(\overline{x \cdot Q_1 \cdot Q_2}) \cdot (\overline{\overline{x} \cdot \overline{Q_1} \cdot \overline{Q_2}})}) = x \cdot Q_1 \cdot Q_2 + \overline{x} \cdot \overline{Q_1} \cdot \overline{Q_2} \tag{4-15}$$

（4）方便于画出电路的状态图，由状态方程和输出方程列出状态表，见表 4-11。

表 4-11　例 4-3 电路的状态表

$Q_2 Q_1$	$Q_2^* Q_1^* / F$	
	$x = 0$	$x = 1$
00	01/1	11/0
01	10/0	00/0
10	11/0	01/0
11	00/0	10/1

根据表 4-11 可以画出对应的状态图，如图 4-39 所示。

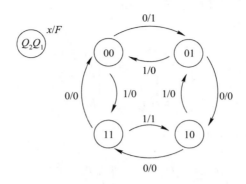

图 4-39 例 4-3 电路的状态图

（5）由图 4-39 可以看出，该时序逻辑电路是个模 4 的可逆计数器。当 $x = 0$ 时，实现模 4 加法计数，在时钟脉冲 CP 作用下，Q_2Q_1 从 00 到 11 递增又返回 00，每经过 4 个时钟脉冲后，电路的状态循环一次。同时，在输出端 F 输出一个进位脉冲。当 $x = 1$ 时，电路进行减 1 计数，实现模 4 减法计数器的功能，F 是借位输出信号。

例 4-3 电路的时序波形如图 4-40 所示。

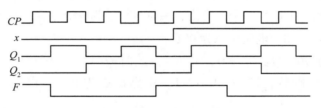

图 4-40 例 4-3 电路的时序波形

二、异步时序逻辑电路的分析方法

异步时序逻辑电路的分析方法和同步时序逻辑电路的分析方法有所不同。在异步时序逻辑电路中，不同触发器的时钟脉冲不相同，触发器只有在它自己的 CP 脉冲的相应边沿才动作，而没有时钟信号的触发器将保持原来的状态不变。因此，异步时序逻辑电路的分析应写出每级的时钟方程，具体分析过程比同步时序逻辑电路复杂。

【例 4-4】 已知异步时序逻辑电路的逻辑图如图 4-41 所示，试分析其功能。

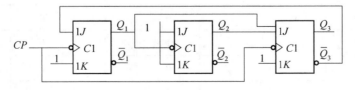

图 4-41 例 4-4 的异步时序逻辑电路

解： 由图 4-41 可知，电路无输入控制变量，输出则是各级触发器状态变量的组合。第 1 级和第 3 级触发器共用一个外部时钟脉冲；第 2 级触发器的时钟由第 1 级触发器的输出提供，因此电路为摩尔型异步时序逻辑电路。

各触发器的驱动方程为

$$\begin{cases} J_1 = \overline{Q_3} \\ J_2 = 1 \\ J_3 = Q_1 Q_2 \end{cases} \quad \begin{cases} K_1 = 1 \\ K_2 = 1 \\ K_3 = 1 \end{cases} \tag{4-16}$$

列出电路的状态方程和时钟方程为

$$\begin{cases} Q_1^* = \overline{Q_1}\,\overline{Q_3} \\ Q_2^* = \overline{Q_2} \\ Q_3^* = Q_1 Q_2 \overline{Q_3} \end{cases} \quad \begin{cases} (CP_1 = CP \downarrow) \\ (CP_2 = Q_1 \downarrow) \\ (CP_3 = CP \downarrow) \end{cases} \tag{4-17}$$

状态方程式（4-17）仅在括号内触发器时钟下降沿才成立，其余时刻均处于保持状态。在列写状态表时，须注意找出每次电路状态转换时各个触发器是否有式（4-17）括号内的触发器时钟的下降沿，再计算各触发器的次态。

当电路现态 $Q_3 Q_2 Q_1 = 000$ 时，代入 Q_1 和 Q_3 的次态方程，可得在 CP 作用下 $Q_1^* = 1$，$Q_3^* = 0$，此时 Q_1 由 $0 \to 1$ 产生一个上升沿，用符号"↑"表示，而 $CP_2 = Q_1$，因此 Q_2 处于保持状态，即 $Q_2^* = Q_2 = 0$。电路次态为 001。

当电路现态为 001 时，$Q_1^* = 0$，$Q_3^* = 0$，此时 Q_1 由 $1 \to 0$ 产生一个下降沿，用符号"↓"表示，Q_2 翻转，即 Q_2 由 $0 \to 1$，电路次态为 010，以此类推，列出电路状态表见表 4-12。

表 4-12　例 4-4 电路的状态表

现态			时钟脉冲			次态		
Q_3	Q_2	Q_1	$CP_3 = CP$	$CP_2 = Q_1$	$CP_1 = CP$	Q_3^*	Q_2^*	Q_1^*
0	0	0	↓	↑	↓	0	0	1
0	0	1	↓	↓	↓	0	1	0
0	1	0	↓	↑	↓	0	1	1
0	1	1	↓	↓	↓	1	0	0
1	0	0	↓	↓	↓	0	0	0
1	0	1	↓	↓	↓	0	1	0
1	1	0	↓	0	↓	0	1	0
1	1	1	↓	↓	↓	0	0	0

根据表 4-12 所示的状态表画出其状态图，如图 4-42 所示。该电路是异步 3 位五进制加法计数器，且具有自启动能力。电路的时序波形如图 4-43 所示。

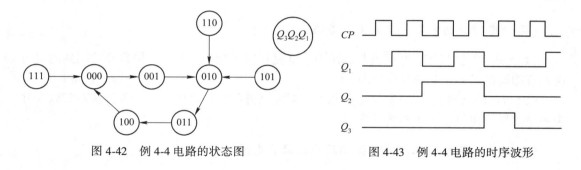

图 4-42　例 4-4 电路的状态图　　　　　图 4-43　例 4-4 电路的时序波形

基础夯实

（1）分析如图 4-44 所示的同步时序电路。

（2）异步时序逻辑电路如图 4-45 所示，设各触发器初态为 0，试分析其逻辑功能。要求写出驱动方程、状态方程，画出状态图和时序图。

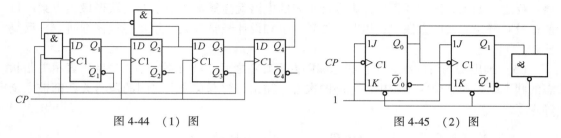

图 4-44　（1）图　　　　　　　图 4-45　（2）图

第四节　时序逻辑电路设计

一、同步时序逻辑电路的设计

同步时序逻辑电路设计的一个特点是无须给每个触发器确定时钟脉冲信号，各个触发器的时钟输入端都同外加时钟脉冲信号连接。

同步时序逻辑电路设计的一般步骤如图 4-46 所示。

图 4-46　同步时序逻辑电路设计的一般步骤

（一）分析设计要求，进行逻辑抽象，画出原始状态图

（1）分析设计要求，确定输入变量、输出变量、电路内部状态间的关系和状态数。

（2）定义输入变量、输出变量的含义，进行状态赋值，对电路的各个状态进行编号。

（3）按照题意建立原始状态图。

（二）进行状态化简，求最简状态图

（1）确定等价状态。在原始状态图中，凡是在输入相同时输出相同且要转换到的次态也具有相同的状态，就是等价状态。

（2）合并等价状态，画最简的状态图。对电路外部特性来说，多个等价状态可以合并为一个状态，将原始状态图进行化简。

（三）进行状态分配，画出编码后的最简状态图

在对状态进行编码时，一般采用二进制编码。

（1）确定二进制代码的位数：如果用 M 表示电路的状态数，用 n 表示使用的二进制代码的位数，那么根据编码的原理，由不等式 $2^{n-1} < M \leq 2^n$ 来确定 n。

（2）对电路状态进行编码，即状态分配：n 位二进制代码有 2^n 种不同的取值，用来对 M 个状态进行编码，方案有很多种。如果方案选择恰当，则可得到比较简单的设计结果；反之，如果方案选择不好，则设计出来的电路就会复杂。至于如何获得最佳方案，目前还没有普遍有效的方法，这里既有技巧，也和设计经验有关，需要经过仔细研究，反复比较。

（3）画出编码后的状态图：状态编码方案确定之后，就可画出用二进制码表示电路状态的状态图。在这个状态图中，电路的次态、输出与初态及输入之间的逻辑关系都被完全确定了。

（四）选择触发器，求输出方程、状态方程及驱动方程

（1）选择触发器，包括触发器的类型和个数：在设计时一般选择的是 JK 触发器和 D 触发器，前者功能齐全且使用灵活，后者控制简单、设计容易，应用广泛；至于触发器的个数，就是用于对电路状态进行编码的二进制代码的位数，即为 n 个。

（2）根据所得到的状态图，列写状态转换和激励信号的状态表（或称全状态转换表），求输出方程、状态方程及驱动方程。

要注意的是，求解方程时，无效状态对应的最小项应当做约束项处理，并进行化简。在电路正常工作时，这些状态是不会出现的。

（五）画出逻辑电路

根据上述结果画出逻辑电路。

（六）检查设计的电路是否能自启动

（1）将电路无效状态依次代入方程进行计算，观察在时钟脉冲 CP 的作用下能否回到有效状态，若能进入有效循环，那么所设计的电路就能自启动；反之则不能自启动。

（2）若电路不能自启动，则应修改设计，重新进行状态分配，可以利用触发器的异步输入端强行预置到有效状态，也可以增加辅助电路消灭死循环。

【例 4-5】　设计一个同步时序逻辑电路，要求实现如图 4-47 所示状态图。

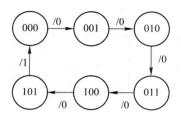

图 4-47 例 4-5 的状态图

解：由于题中已给出了二进制编码的状态图，所以时序逻辑电路设计一般步骤中的前面三步可以省去，直接从第四步开始。

（1）选择触发器，求输出方程、状态方程及驱动方程。一般选择的是 JK 触发器和 D 触发器，根据状态图中编码的位数，则可以选用三个下降沿触发的 JK 触发器。

由于采用同步时序逻辑电路，因此各触发器的时钟脉冲都选用输入时钟脉冲 CP，即

$$CP_0 = CP_1 = CP_2 = CP$$

根据状态图可列写状态表，见表 4-13。

表 4-13 例 4-5 的状态表

现态			次态			输出
Q_2^n	Q_1^n	Q_0^n	Q_2^{n+1}	Q_1^{n+1}	Q_0^{n+1}	Y
0	0	0	0	0	1	0
0	0	1	0	1	0	0
0	1	0	0	1	1	0
0	1	1	1	0	0	0
1	0	0	1	0	1	0
1	0	1	0	0	0	1

在状态表中，没有出现 110、111 两个状态，这两个状态为无效状态，对应的最小项应按约束项处理。用卡诺图求出输出方程，如图 4-48 所示。

输出方程为

$$Y = Q_2^n Q_0^n$$

同理，画出每个触发器的次态的卡诺图，如图 4-49 所示。

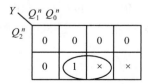

图 4-48 例 4-5 输出信号 Y 的卡诺图

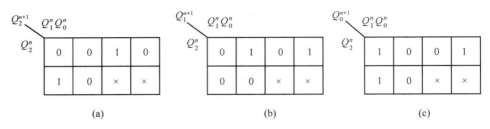

图 4-49　例 4-5 触发器次态卡诺图

（a）Q_2^{n+1} 的卡诺图；（b）Q_1^{n+1} 的卡诺图；（c）Q_0^{n+1} 的卡诺图

由图 4-49 的各卡诺图可求得状态方程

$$Q_0^{n+1} = \overline{Q_0^n}$$

$$Q_1^{n+1} = \overline{Q_2^n Q_1^n} Q_0^n + Q_1^n \overline{Q_0^n}$$

$$Q_2^{n+1} = Q_1^n Q_0^n + Q_2^n \overline{Q_0^n} = \overline{Q_2^n} Q_1^n Q_0^n + Q_2^n \overline{Q_0^n}$$

将状态方程与 JK 触发器的特性方程对比，按照变量相同、系数相等、两个方程必等的原则，可求出驱动方程，即各个触发器输入信号的逻辑表达式

$$J_0 = 1 \qquad K_0 = 1$$

$$J_1 = Q_2^n Q_0^n, \qquad K_1 = Q_0^n$$

$$J_2 = Q_0^n Q_1^n, \qquad K_2 = Q_0^n$$

（2）画出逻辑电路。根据所选的触发器和时钟方程、输出方程、驱动方程画出逻辑电路，如图 4-50 所示。

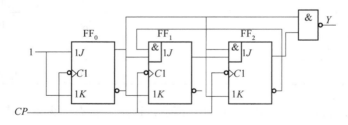

图 4-50　例 4-5 逻辑电路

（3）检查逻辑电路是否能自启动。将无效状态 110、111 代入状态方程和输出方程进行计算，求得次态，即

$$110 \xrightarrow{\;/0\;} 111 \xrightarrow{\;/1\;} 000$$

可见，在无效状态下可转换为有效状态，进入有效循环，因此所设计的时序逻辑电路能够自启动。

思维延展

同步时序逻辑电路中触发器的数目与状态数目有何关系，与状态分配又有何关系？

二、异步时序逻辑电路的设计

异步时序逻辑电路的设计过程和同步时序逻辑电路的设计过程基本相同。不过，在设计异步时序逻辑电路时，要为各个触发器选择时钟信号，如果选择合适，可以得到一个较简单的电路，使电路更加经济可靠。从触发器的特性可以知道，时钟信号有效是触发器状态发生变化的前提条件，当时钟信号无效时，无论驱动信号取值如何，触发器的状态都不会发生变化。选择时钟一般根据以下原则进行：在触发器状态发生变化的时刻，必须有有效的时钟信号；在触发器状态不发生变化的其他时刻，最好没有有效的时钟信号。选择时钟考虑的对象一般为外部的时钟信号，以及其他触发器的 Q 端和 $\overline{Q}$ 端。

异步时序逻辑电路设计的一般步骤如下。

（1）分析逻辑功能要求，画状态图，进行状态化简。

（2）确定触发器数目和类型，进行状态分配。

（3）根据状态图画时序图。

（4）利用时序图给各个触发器选时钟信号。

（5）根据状态图列出状态表。

（6）根据所选的时钟和状态表，列出触发器激励信号的真值表。

（7）求驱动方程、输出方程。

（8）检测电路能否自启动，如不能自启动，则进行修改。

（9）根据驱动方程和时钟方程画逻辑图，实现电路。

异步时序逻辑电路的设计过程相对来说比较复杂，这里就不再仔细分析研究了，有兴趣的读者可参考其他书籍。

第五节 典型时序集成芯片及其应用

一、寄存器

寄存器用于存储数据，是由一组具有存储功能的触发器构成的。一个触发器可以存储 1 位二进制数，要存储 n 位二进制数需要 n 个触发器。无论是电平触发器还是边沿触发器都可以组成寄存器。

按照功能的不同，可将寄存器分为并行寄存器和移位寄存器两类。并行寄存器只能并行输入数据，需要时也只能并行输出。移位寄存器具有数据移位功能，在移位脉冲作用下，存储在寄存器中的数据可以依次逐位右移或左移。数据输入输出方式有并行输入并行输出、串行输入串行输出、并行输入串行输出、串行输入并行输出 4 种。

（一）并行寄存器

并行寄存器中的触发器只具有置 1 和置 0 功能，因此，用基本触发器、同步触发器、主从触发器和边沿触发器实现均可。图 4-51 是用边沿 D 触发器组成的 4 位寄存器 74LS175。$D_0 \sim D_3$ 是并行数据输入端，$D_0 \sim D_3$ 是并行数据输出端，R'_D 是清 0 端，CP 是时钟控制端。

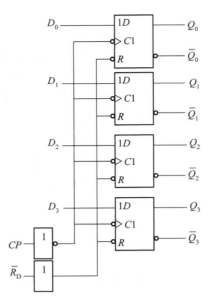

图 4-51   4 位寄存器 74LS175 电路

并行寄存器 74LS175 的逻辑功能见表 4-14，由表 4-14 可知，当 $\overline{R}_D = 0$，寄存器异步清 0；当 $\overline{R}_D = 1$，在 CP 上升沿到来时刻，$D_0 \sim D_3$ 被并行送入 4 个触发器中，寄存器的输出 $Q_3 Q_2 Q_1 Q_0 = D_3 D_2 D_1 D_0$，数据被锁存，直至下一个上升沿到来，故该寄存器又可称为并行输入、并行输出寄存器；当 $\overline{R}_D = 1$，CP 上升沿以外的时间，寄存器内容保持不变。此时，输入端 $D_0 \sim D_3$ 输入数据不会影响寄存器输出，所以这种寄存器具有很强的抗干扰能力。

表 4-14   基本寄存器 74LS175 的逻辑功能表

$\overline{R}_D$	CP	$Q_3^* Q_2^* Q_1^* Q_0^*$	工作状态
0	×	0000	异步清 0
1	↑	$D_3 D_2 D_1 D_0$	并行送数
1	0/1/↓	$Q_3 Q_2 Q_1 Q_0$	保持

(二) 移位寄存器

移位寄存器不仅具有存储功能，而且存储的数据能够在时钟脉冲控制下逐位左移或者右移。根据移位方式的不同，移位寄存器分为单向移位寄存器和双向移位寄存器两大类。

1. 单向移位寄存器

单向移位寄存器分为左移寄存器和右移寄存器，左移寄存器如图 4-52 所示，右移寄存器如图 4-53 所示。

以图 4-53 所示的右移寄存器为例，当 CP 上升沿到来，串行输入端 D_i 将数据送入 FF_0。中，$FF_1 \sim FF_3$ 接受各自左边触发器的状态，即 $FF_0 \sim FF_2$ 的数据依次向右移动一位。经过 4 个时钟信号的作用，4 个数据被串行送入寄存器的 4 个触发器中，此后可从 $Q_0 \sim Q_3$

获得 4 位并行输出，实现串并转换。再经过 4 个时钟信号的作用，存储在 $FF_0 \sim FF_3$ 的数据依次从串行输出端 Q_3 移出，实现并串转换。

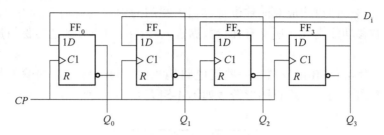

图 4-52　左移寄存器电路

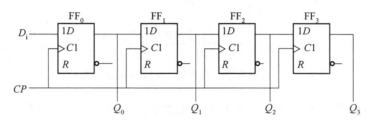

图 4-53　右移寄存器电路

4 位右移寄存器的状态表见表 4-15，在 4 个时钟周期内依次输入 4 个 1，经过 4 个 CP 脉冲，寄存器变成全 1 状态，再经过 4 个时钟脉冲连续输入 4 个 0，寄存器被清 0。

表 4-15　4 位右移寄存器的状态表

输入		现态	次态	输出
D_i	CP	$Q_0 Q_1 Q_2 Q_3$	$Q_0^* Q_1^* Q_2^* Q_3^*$	Q_3
1	↑	0　0　0　0	1　0　0　0	0
1	↑	1　0　0　0	1　1　0　0	0
1	↑	1　1　0　0	1　1　1　0	0
1	↑	1　1　1　0	1　1　1　1	1
0	↑	1　1　1　1	0　1　1　1	1
0	↑	0　1　1　1	0　0　1　1	1
0	↑	0　0　1　1	0　0　0　1	1
0	↑	0　0　0　1	0　0　0　0	0

单向移位寄存器的特点如下。

（1）在时钟脉冲 CP 的作用下，单向移位寄存器中的数据可以依次左移或右移。

（2）n 位单向移位寄存器可以寄存 n 位二进制代码。n 个 CP 脉冲即可完成串行输入工作，并从 $Q_0 \sim Q_{n-1}$ 并行输出端获得的 n 位二进制代码，再经 n 个 CP 脉冲即可实现串行输出工作。

（3）若串行输入端连续输入 n 个 0，在 n 个 CP 脉冲周期后，寄存器被清 0。

2. 双向移位寄存器

在单向移位寄存器的基础上，把右移寄存器和左移寄存器组合起来，加上移位方向控制信号和控制电路，即可构成双向移位寄存器。常用的中规模集成芯片有 74LS194，它除了具有左移、右移功能之外，还具有并行数据输入和在时钟信号到达时保持原来状态不变等功能。

74LS194 是由 4 个 SR 触发器和一些门电路构成的，每个触发器的输入都是由一个四选一数据选择器给出的。其逻辑图形符号如图 4-54 所示。

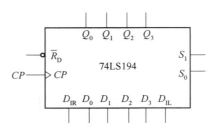

图 4-54 4 位双向移位寄存器 74LS194 的逻辑图形符号

$D_0 \sim D_3$ 是并行数据输入端，$Q_0 \sim Q_3$ 是并行数据输出端，D_{IR} 是右移串行数据输入端，D_{IL} 是左移串行数据输入端，$\overline{R}_D$ 是异步清 0 端，低电平有效。S_1、S_0 是工作方式选择端，其选择功能是：$S_1S_0 = 00$ 为状态保持，$S_1S_0 = 01$ 为右移，$S_1S_0 = 10$ 为左移，$S_1S_0 = 11$ 为并行送数。综上可列出 74LS194 的功能表，见表 4-16。

表 4-16 双向移位寄存器 74LS194 的功能表

$\overline{R}_D$	S_1S_0	CP	D_{IL}	D_{IR}	$D_0D_1D_2D_3$	$Q_0^* Q_1^* Q_2^* Q_3^*$	说明
0	××	×	×	×	××××	0000	异步清 0
1	××	0	×	×	××××	$Q_0Q_1Q_2Q_3$	保持
1	11	↑	×	×	$D_0D_1D_2D_3$	$D_0D_1D_2D_3$	并行送数
1	01	↑	×	0	××××	$0Q_0Q_1Q_2$	右移
1	01	↑	×	1	××××	$1Q_0Q_1Q_2$	右移
1	10	↑	0	×	××××	$Q_1Q_2Q_30$	左移
1	10	↑	1	×	××××	$Q_1Q_2Q_31$	左移
1	00	×	×	×	××××	$Q_0Q_1Q_2Q_3$	保持

【例 4-6】 用 74LS194 组成串行输入转换为并行输出的电路。

解： 转换电路如图 4-55 所示，其转换过程见表 4-17。具体过程如下：串行数据 $d_6d_5\cdots d_0$ 从 D_{IR} 端输入（d_0 先入），并行数据从 $Q_1 \sim Q_7$ 输出，表示转换结束的标志码 0 加在第（1）片的 D_0 端，其他并行输入端接 1。清 0 启动后，$Q_8 = 0$，因此第 1 个 CP 使 74LS194 完成预置操作，将并行输入的数据 01111111 送入 $Q_1 \sim Q_8$。此时，由于 $Q_8 = 1$，$S_1S_0 = 01$，故以后的 CP 均实现右移操作，经过 7 次右移后，7 位串行码全部移入寄存器。此时 $Q_8 = 0$，表示转换结束，从寄存器读出并行数据 $Q_1 \sim Q_7 = d_6 \sim d_0$。由于 $Q_8 = 0$，S_1S_0 再次等于 11，第 9 个脉冲到来使移位寄存器置数，并重复上述过程。

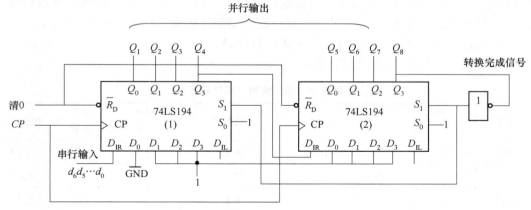

图 4-55　例 4-6 逻辑电路

表 4-17　例 4-6 状态表

CP	Q_1	Q_2	Q_3	Q_4	Q_5	Q_6	Q_7	Q_8	操作
0	0	0	0	0	0	0	0	0	清 0
1	0	1	1	1	1	1	1	1	送数
2	d_0	0	1	1	1	1	1	1	
3	d_1	d_0	0	1	1	1	1	1	
4	d_2	d_1	d_0	0	1	1	1	1	
5	d_3	d_2	d_1	d_0	0	1	1	1	右移 7 次
6	d_4	d_3	d_2	d_1	d_0	0	1	1	
7	d_5	d_4	d_3	d_2	d_1	d_0	0	1	
8	d_6	d_5	d_4	d_3	d_2	d_1	d_0	0	
9	0	1	1	1	1	1	1	1	送数

二、计数器

在数字电路中，把记忆输入时钟信号 CP 脉冲个数的操作称为计数，能实现计数功能的时序逻辑电路称为计数器。除此之外，计数器还可用于分频、定时、产生节拍脉冲和脉冲序列以及进行数字运算等。

计数器按照不同的规则分类如下。

（1）按时钟作用方式分：同步计数器、异步计数器。

（2）按计数方式分：加法计数器、减法计数器、可逆计数器。

（3）按计数进制分：二进制（或称模 2^n 计数器）、十进制（或称非模 2^n 计数器）、N 进制。

计数器的容量、长度或模：通常把一个计数器能够记忆输入脉冲的数目叫作计数器的计数容量、长度或模。例如，3 位同步二进制计数器，从 000 开始，输入 8 个 CP 脉冲就计满归零，它的模 $M = 8$。模实际上也就是电路的有效状态数。n 位二进制计数器的模为 $M = 2^n$。在十进制计数器（1 位）中 $M = 10$；在 N 进制计数器（1 位）中 $M = N$。

（4）按所用器件分：TTL 计数器，CMOS 计数器。

表 4-18 列出了部分常用集成计数器。

表 4-18　部分常用集成计数器

型号	计数方式	模与码制	逻辑方式	预置方式	复位方式	触发方式
74160	同步	模 10，8421BCD 码	加法	同步	异步	上升沿
74161	同步	模 16，二进制	加法	同步	异步	上升沿
74162	同步	模 10，8421BCD 码	加法	同步	同步	上升沿
74163	同步	模 16，二进制	加法	同步	同步	上升沿
74190	同步	模 10，8421BCD 码	单时钟，加/减	异步		上升沿
74191	同步	模 16，二进制	单时钟，加/减	异步		上升沿
74192	同步	模 10，8421BCD 码	双时钟，加/减	异步	异步	上升沿
74193	同步	模 16，二进制	双时钟，加/减	异步	异步	上升沿
CD4020	异步	模 2^{14}，二进制	加法		异步	上升沿

（一）同步计数器

1. 集成 4 位同步二进制加法计数器

图 4-56 所示为 74161 集成同步二进制加法计数器的逻辑符号。

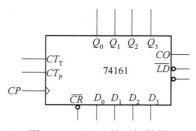

图 4-56　74161 的逻辑符号

74161 为异步清零、同步置数、上升沿计数的模 16 同步加法计数器，其功能表见表 4-19。

（1）**异步清零**：当 $\overline{CR} = 0$ 时，计数器的输出端 $Q_0 \sim Q_3$ 就全部被复位为 0，与其他输入信号（包括时钟信号 CP）均无关，$\overline{CR}$ 称为异步复位端，低电平有效。

（2）**同步置数**：当 $\overline{LD} = 0$ 时，计数器处于工作方式 1，即置数工作方式。在数据输入端 $D_0 \sim D_3$ 外加的数据在时钟脉冲上升沿来到时送到触发器输出端。$\overline{LD}$ 为同步置数端，低电平有效。

（3）计数：当 $\overline{LD}=1$ 时，计数器处于工作方式 2，即计数工作方式。当 $CT_P=1$、$CT_T=1$ 时，计数器执行加 1 计数。Q_3 为最高位，Q_0 为最低位。当时钟信号 CP 出现上升沿时，触发器翻转，计数器加 1，在第 15 个计数脉冲作用后，且当 CT_T 有效时，进位输出 $CO=1$，即 $CO=CT_T \cdot Q_3 Q_2 Q_1 Q_0$，进位信号是高电平有效。在第 16 个计数脉冲作用后，计数器恢复到初始的全零状态。

（4）保持：当 $\overline{CR}=\overline{LD}=1$ 时，只要 CT_P、CT_T 中有一个为 0，无论时钟信号 CP 是否上升沿到来，各触发器均处于保持状态。

74161 为一种典型的二进制同步加法计数器。

表 4-19　74161 的功能表

CP	$\overline{CR}$	$\overline{LD}$	CT_P	CT_T	D_3	D_2	D_1	D_0	Q_3	Q_2	Q_1	Q_0
×	0	×	×	×	×	×	×	×	0	0	0	0
↑	1	0	×	×	D_3	D_2	D_1	D_0	D_3	D_2	D_1	D_0
×	1	1	0	×	×	×	×	×	保持			
×	1	1	×	0	×	×	×	×	保持			
↑	1	1	1	0	×	×	×	×	计数			

74163 除了采用同步清零方式外，逻辑功能、计数工作原理和逻辑符号都与 74161 没有区别，其功能表见表 4-20。

表 4-20　74163 的功能表

CP	$\overline{CR}$	$\overline{LD}$	CT_P	CT_T	D_3	D_2	D_1	D_0	Q_3	Q_2	Q_1	Q_0
↑	0	×	×	×	×	×	×	×	0	0	0	0
↑	1	0	×	×	D_3	D_2	D_1	D_0	D_3	D_2	D_1	D_0
×	1	1	0	×	×	×	×	×	保持			
×	1	1	×	0	×	×	×	×	保持			
↑	1	1	1	1	×	×	×	×	计数			

2. 集成 4 位同步二进制可逆计数器（单时钟）

74191 是单时钟 4 位同步二进制可逆计数器。图 4-57 所示为 74191 的逻辑符号。其中，$\overline{U}/D$ 为加减计数控制端；$\overline{LD}$ 为异步置数控制端；$\overline{CT}$ 为使能端；$D_0 \sim D_3$ 为并行数据输入端；$Q_0 \sim Q_3$ 是输出端；CO/BO 是进位和借位信号输出端；$\overline{RC}$ 是多个芯片级联时级间串行计数使能端，$\overline{RC}=\overline{CP} \cdot \overline{CO/BO} \cdot \overline{CT}$，当 $\overline{CT}=0$、$CO/BO=1$ 时，$\overline{RC}=CP$，即由 $\overline{RC}$ 端输出进位/借位信号的计数脉冲。

表 4-21 为 74191 的功能表。74191 具有同步可逆计数功能、异步置数和保持功能；没有专门的清零输入端，但可以借助异步并行置入数据 0000，间接实现清零功能。

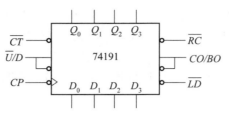

图 4-57 74191 的逻辑符号

表 4-21 74191 的功能表

输入								输出			
$\overline{LD}$	$\overline{CT}$	$\overline{U}/D$	CP	D_3	D_2	D_1	D_0	Q_3	Q_2	Q_1	Q_0
0	×	×	×	D_3	D_2	D_1	D_0	D_3	D_2	D_1	D_0
1	1	×	×	×	×	×	×	保持			
1	0	0	↓	×	×	×	×	加计数 $CO/BO = Q_3^n Q_2^n Q_1^n Q_0^n$			
1	0	1	↓	×	×	×	×	减计数 $CO/BO = \overline{Q_3^n Q_2^n Q_1^n Q_0^n}$			

3. 集成 4 位同步二进制可逆计数器（双时钟）

74193 是双时钟 4 位同步二进制可逆计数器。图 4-58 所示为 74193 的逻辑符号。其中，$\overline{LD}$ 为异步置数控制端；CR 为异步清零端，高电平有效；CP_U 为加法计数脉冲输入端；CP_D 为减法计数脉冲输入端；$\overline{CO}$ 是进位脉冲输出端；$\overline{BO}$ 是借位脉冲输出端；$D_0 \sim D_3$ 为并行数据输入端；$Q_0 \sim Q_3$ 是输出端。表 4-22 为 74193 的功能表。74193 具有同步可逆计数、异步置数、异步清零和保持功能。$\overline{BO}$、$\overline{CO}$ 是多个计数器级联时使用的，当 $Q_3^n Q_2^n Q_1^n Q_0^n = 1111$ 时，$\overline{CO} = CP_U$；当 $Q_3^n Q_2^n Q_1^n Q_0^n = 0000$ 时，$\overline{BO} = CP_D$，当多个 74193 级联时，只要把低位的 $\overline{CO}$ 端和 $\overline{BO}$ 端分别与高位的 CP_U 端、CP_D 端分别相连接即可。

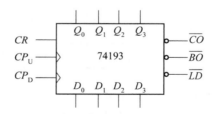

图 4-58 74193 的逻辑符号

表 4-22 74193 的功能表

输入								输出			
CR	$\overline{LD}$	CP_U	CP_D	D_3	D_2	D_1	D_0	Q_3	Q_2	Q_1	Q_0
1	×	×	×	×	×	×	×	0	0	0	0
0	0	×	×	D_3	D_2	D_1	D_0	D_3	D_2	D_1	D_0

续表 4-22

输入								输出			
CR	$\overline{LD}$	CP_U	CP_D	D_3	D_2	D_1	D_0	Q_3	Q_2	Q_1	Q_0
0	1	1	1	×	×	×	×	保持 $\overline{CO} = \overline{BO} = 1$			
0	1	↑	1	×	×	×	×	加计数 $CO = \overline{\overline{CP_U} Q_3^n Q_2^n Q_1^n Q_0^n}$			
0	1	1	↑	×	×	×	×	减计数 $BO = \overline{\overline{CP_D} \overline{Q_3^n} \overline{Q_2^n} \overline{Q_1^n} \overline{Q_0^n}}$			

4. 集成同步十进制加法计数器

集成同步十进制加法计数器有很多种类，现以典型的 74160 为例进行介绍。图 4-59 所示为 74160 的逻辑符号。它的引脚排列与 74161 相同。表 4-23 为其功能表。74160 具有异步清零、同步置数、保持、计数功能。

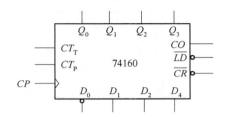

图 4-59　74160 的逻辑符号

表 4-23　74160 的功能表

输入									输出			
CP	$\overline{CR}$	$\overline{LD}$	CT_P	CT_T	D_3	D_2	D_1	D_0	Q_3	Q_2	Q_1	Q_0
×	0	×	×	×	×	×	×	×	0	0	0	0
↑	1	0	×	×	D_3	D_2	D_1	D_0	D_3	D_2	D_1	D_0
×	1	1	0	×	×	×	×	×	保持			
×	1	1	×	0	×	×	×	×	保持			
↑	1	1	1	1	×	×	×	×	十进制加法计数			

74162 与 74160 的区别是采用了同步清零方式，时钟信号 CP 上升沿有效；CC4522 是常用的 CMOS 同步十进制减法计数器。

5. 集成同步十进制可逆计数器

集成同步十进制可逆计数器与同步二进制可逆计数器相似，也有单时钟和双时钟两种类型。常用的类型有：74190、74LS190，74192、74LS192，74168、74LS168，CC4510，CC40192 等。现以 74192 为例进行介绍。

74192 是双时钟同步十进制可逆计数器，具有异步清零和异步置数功能。图 4-60 所示为 74192 的逻辑符号。表 4-24 是 74192 的功能表。

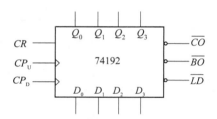

图 4-60　74192 的逻辑符号

表 4-24　74192 的功能表

输入								输出			
CR	$\overline{LD}$	CP_U	CP_D	D_3	D_2	D_1	D_0	Q_3	Q_2	Q_1	Q_0
1	×	×	×	×	×	×	×	0	0	0	0
0	0	×	×	D_3	D_2	D_1	D_0	D_3	D_2	D_1	D_0
0	1	1	1	×	×	×	×	保持 $\overline{CO} = \overline{BO} = 1$			
0	1	↑	1	×	×	×	×	加计数 $CO = \overline{\overline{CP_U} Q_3^n Q_0^n}$			
0	1	1	↑	×	×	×	×	减计数 $BO = \overline{\overline{CP_D} \overline{Q_3^n} \overline{Q_2^n} \overline{Q_1^n} \overline{Q_0^n}}$			

（二）异步计数器

1. 集成异步二进制计数器

下面以比较典型的 74197 集成异步二进制计数器为例进行介绍。

图 4-61 所示为 74197 的逻辑符号。图中，$\overline{CR}$ 为异步清零端；$CT/\overline{LD}$ 为计数和置数控制端；CP_0 是触发器 FF_0（图中未示出，下同）的时钟输入端；CP_1 是触发器 FF_1 的时钟输入端；$D_0 \sim D_3$ 为并行数据输入端；$Q_0 \sim Q_3$ 是输出端，其功能表见表 4-25。

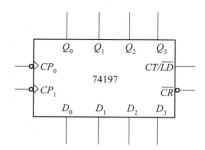

图 4-61　74197 的逻辑符号

表 4-25　74197 的功能表

$\overline{CR}$	$CT/\overline{LD}$	CP_0	CP_1	Q_0^{n+1}	Q_1^{n+1}	Q_2^{n+1}	Q_3^{n+1}	功能
0	×	×	×	0	0	0	0	异步清零
1	0	×	×	D_0	D_1	D_2	D_3	异步置数

续表 4-25

$\overline{CR}$	$CT/\overline{LD}$	CP_0	CP_1	Q_0^{n+1}	Q_1^{n+1}	Q_2^{n+1}	Q_3^{n+1}	功能
1	1	无↓	无↓	Q_0^n	Q_1^n	Q_2^n	Q_3^n	保持
1	1	↓	↓	加法计数				$CP_0=CP$ $CP_1=Q_0$

当 $\overline{CR}=1$，$CT/\overline{LD}=1$ 时，74197 进行异步加法计数，计数方式如下：

若 $CP_0=CP$（外部输入计数脉冲）、$CP_1=Q_0$，则构成 4 位二进制即十六进制异步加法计数器；

若 $CP_1=CP$，则 $FF_1 \sim FF_3$ 构成 3 位二进制，即八进制计数器，FF_0 不工作；

若 $CP_0=CP$，$CP_1=0$ 或 1，则构成 1 位二进制，即二进制计数器，$FF_1 \sim FF_3$ 不工作。

因此，也将 74197 称为二-八-十六进制计数器。

2. 集成异步十进制计数器

集成异步十进制计数器，一般也是按照 8421BCD 码计数的电路。下面以 74290 为例进行介绍。

图 4-62 所示为 74290 的逻辑符号。图中，$R_{0A} \cdot R_{0B}$ 为异步清零端，高电平有效；$S_{9A} \cdot S_{9B}$ 为异步置 9 输入端，高电平有效，即当 $S_{9A} \cdot S_{9B}=1$，输出状态被异步置位 $Q_3Q_2Q_1Q_0=1001$。74290 的功能表见表 4-26。74290 为二-五-十进制异步计数器。

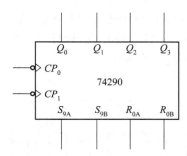

图 4-62　74290 的逻辑符号

表 4-26　74290 的功能表

输入			输出				功能
$R_{0A} \cdot R_{0B}$	$S_{9A} \cdot S_{9B}$	CP	Q_0^{n+1}	Q_1^{n+1}	Q_2^{n+1}	Q_3^{n+1}	
1	0	1	0	0	0	0	异步清零
×	1	×	1	0	0	1	异步置 9
0	0	无↓	Q_0^n	Q_1^n	Q_2^n	Q_3^n	保持
0	0	↓	加法计数				$CP_0=CP$ $CP_1=Q_0$

当 $R_{0A} \cdot R_{0B} = 0$，$S_{9A} \cdot S_{9B} = 0$ 时，74290 进行下降沿计数，计数方式主要有以下四种。

（1）$CP_0 = CP$（外部输入计数脉冲），$CP_1 = 0$ 或 1，$FF_1 \sim FF_3$ 不工作，FF_0 工作，构成 1 位二进制，即二进制计数器，Q_0 变化的频率是 CP 频率的 1/2，实现二分频。

（2）$CP_1 = CP$，CP_0 不接（或接 0 或 1），FF_0 不工作，$FF_1 \sim FF_3$ 工作，构成异步五进制计数器，或称模 5 计数器，实现五分频。

（3）$CP_0 = CP$，$CP_1 = Q_0$，电路将对时钟信号 CP 按照 8421BCD 码进行异步加法十进制计数。

（4）$CP_1 = CP$，$CP_0 = Q_3$，电路将对时钟信号 CP 按照 5421BCD 码进行异步加法十进制计数。

思维延展

根据所学，推导出任意进制计数器的实现方法。

三、顺序脉冲发生器

在数字电路中，能产生一组在时间上有一定先后顺序的脉冲信号的电路称为顺序脉冲发生器，也称节拍脉冲发生器。按电路结构不同，顺序脉冲发生器可以分为移位型和计数型两大类。

（一）移位型顺序脉冲发生器

顺序脉冲发生器可以由移位寄存器构成。如图 4-63 所示是由 4 位移位寄存器构成的 4 输出顺序脉冲发生器。由图 4-64 可见，当 CP 时钟脉冲不断到来时，$Q_0 \sim Q_3$ 端将依次输出正脉冲，顺序脉冲的宽度为 CP 的一个周期。

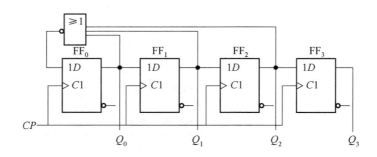

图 4-63　移位型顺序脉冲发生器电路

（二）计数型顺序脉冲发生器

如图 4-65 所示的电路是一个能循环输出 4 个脉冲的顺序脉冲发生器，其中的两个 JK 触发器组成 2 位二进制计数器，4 个与门组成 2 线–4 线译码器。$\overline{R}_D$ 是异步清 0 端，CP 是输入计数脉冲，$Y_0 \sim Y_3$ 是 4 个顺序脉冲输出端。

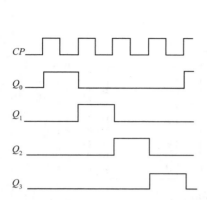

图 4-64　移位型顺序脉冲发生器波形

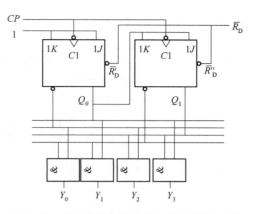

图 4-65　计数型顺序脉冲发生器的逻辑电路

根据图 4-65 所示的逻辑电路,可得输出方程如式(4-18)所示,状态方程如式(4-19)所示。

$$\begin{cases} Y_0 = \overline{Q_1}\,\overline{Q_0} \\ Y_1 = \overline{Q_1}\,Q_0 \\ Y_2 = Q_1\,\overline{Q_0} \\ Y_3 = Q_1\,Q_0 \end{cases} \tag{4-18}$$

$$\begin{cases} Q_0^* = \overline{Q_0} \\ Q_1^* = \overline{Q_1}\,Q_0 + Q_1\,\overline{Q_0} \end{cases} \tag{4-19}$$

只要在计数器的输入端 CP 加入固定频率的脉冲,便可在 $Y_0 \sim Y_3$ 端依次得到输出的脉冲信号,如图 4-66 所示。

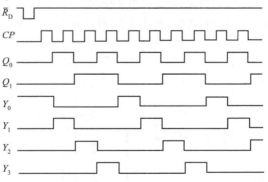

图 4-66　计数顺序脉冲发生器时序图

由于使用了异步计数器,在电路状态转换时,两个触发器的翻转有先有后,因此当两个触发器同时改变状态(从 $01 \rightarrow 10$)时,电路可能产生竞争-冒险现象,使顺序脉冲中出现尖峰脉冲。

(三) 用 MSI 构成顺序脉冲发生器

将集成计数器 74LS161 和 3 线–8 线译码器 74LS138 结合起来,可以构成 8 输出的 MSI

顺序脉冲发生器电路，如图 4-67 所示。

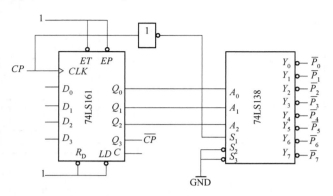

图 4-67 用 MSI 构成的顺序脉冲发生器电路

四、序列信号发生器

序列信号发生器是能够产生一组特定的串行数字信号的电路，它可以用移位寄存器或计数器实现。序列信号的种类很多，按照序列循环长度 M 和触发器数目 n 的关系一般可分为如下三种。

（1）最大循环长度序列码，$M = 2^n$。

（2）最长线性序列码（M 序列码），$M = 2^n - 1$。

（3）任意循环长度序列码，$M < 2^n$。

常见的序列信号发生器使用计数器和数据选择器组成。例如，如果需要产生一个 8 位的序列信号 11010001，则可用一个八进制计数器和一个 8 选 1 数据选择器组成，其中八进制计数器用 74LS161 实现，其逻辑电路图如图 4-68 所示。

当 CP 时钟脉冲到来时，$Q_3 Q_2 Q_1 Q_0$ 的状态按照表 4-27 所示的顺序不断循环。

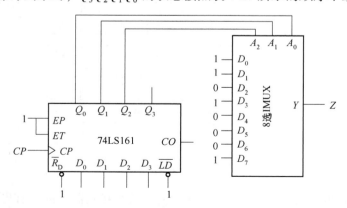

图 4-68 用计数器和数据选择器组成的序列信号发生器的逻辑电路图

表 4-27 图 4-68 的状态转换器

CP	Q_2	Q_1	Q_0	Z
0	0	0	0	1

CP	Q_2	Q_1	Q_0	Z
1	0	0	1	1
2	0	1	0	0
3	0	1	1	1
4	1	0	0	0
5	1	0	1	0
6	1	1	0	0
7	1	1	1	1

构成序列信号发生器的另一种常见方法是采用带反馈逻辑电路的移位寄存器。它由移位寄存器和组合反馈网络组成,从移位寄存器的某一输出端可以得到周期性的序列码。其设计按以下步骤进行。

(1)根据给定序列信号的循环长度 M,确定移位寄存器位数 n, $2^{n-1} < M \leqslant 2^n$。

(2)确定移位寄存器的 M 个独立状态。将给定的序列码按照移位规律每 n 位一组,划分为 M 个状态。若 M 个状态中出现重复现象,则应增加移位寄存器位数。用 $n+1$ 位再重复上述过程,直到划分为 M 个独立状态为止。

(3)根据 M 个不同状态列出移位寄存器的态序表和反馈函数表,求出反馈函数 F 的表达式。

(4)检查自启动性能。

(5)画逻辑图。

【例 4-7】 设计一个产生 100111 序列的反馈移位型序列信号发生器。

解:(1)确定移位寄存器位数 n。因 $M=6$,故 $n \geqslant 3$。

(2)确定移位寄存器的 6 个独立状态。将序列码 100111 按照移位规律每三位一组,划分 6 个状态为 100、001、011、111、111、110。其中,状态 111 重复出现,故取 $n=4$,并重新划分 6 个独立状态为 1001、0011、0111、1111、1110、1100。因此,确定 $n=4$,用一片 74LS194 即可。

(3)列状态转换表和反馈激励函数表,求反馈函数 F 的表达式。首先列出态序表,然后根据每个状态所需要的移位输入即反馈输入信号,列出反馈激励函数表,见表 4-28。从表 4-28 中可见,移位寄存器只需进行左移操作。

表 4-28 例 4-7 的反馈函数表

Q_0	Q_1	Q_2	Q_3	F (D_{IL})
1	0	0	1	1
0	0	1	1	1
0	1	1	1	1
1	1	1	1	0
1	1	1	0	0
1	1	0	0	1

表 4-28 也表明了组合反馈网络的输出和输入之间的函数关系，因此可画出 F 的卡诺图和全状态图，如图 4-69 所示，并求得反馈激励函数表达式为

$$F(D_{IL}) = \overline{Q}_0 + \overline{Q}_2 = (\overline{Q_0 Q_2}) \tag{4-20}$$

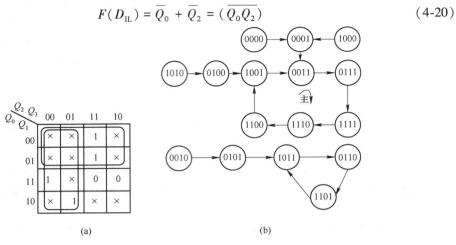

图 4-69   例 4-7 中 F 的卡诺图和全状态图

（a）F 的卡诺图；（b）F 的全状态图

（4）检查自启动性能。观察 F 的全状态图，该电路不能自启动。适当去除无关项，缩小包围圈，可以得到修复后 F 的卡诺图和全状态图如图 4-70 所示，求得反馈激励函数表达式为

$$F(D_{IL}) = \overline{Q}_0 Q_3 + \overline{Q}_2 = (\overline{(\overline{Q_0 Q_3})Q_2}) \tag{4-21}$$

观察修复后 F 的全状态图，修复后的电路可以自启动。

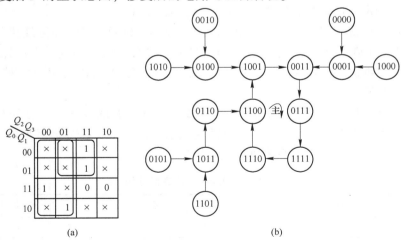

图 4-70   例 4-7 修复后 F 的卡诺图和全状态图

（a）F 的卡诺图；（b）F 的全状态图

（5）画逻辑电路。移位寄存器用一片 74LS194，组合反馈网络可以用 SSI 门电路或 MSI 组合器件实现。如图 4-71 所示电路中 D_{IL}，连接（$(\overline{\overline{Q_0 Q_3}})Q_2$），采用了门电路实现反

馈函数。图 4-72 电路采用了 4 选 1 MUX 实现反馈函数。

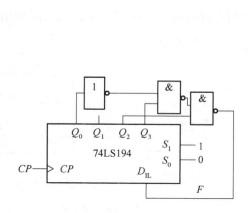
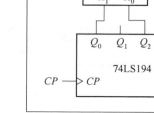

图 4-71 反馈网络采用 SSI 的逻辑电路   图 4-72 反馈网络采用 MSI 的逻辑电路

能力提升

（1）如图 4-73 所示，与非门组成的基本 RS 触发器中，根据输入信号的波形画出触发器输出端 Q 和 $\overline{Q}$ 的波形。设触发器的初态为 0。

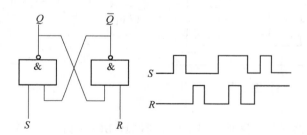

图 4-73 （1）图

（2）图 4-74 所示为主从 JK 触发器，J、K 和 CP 波形如图所示，画出触发器输出端 Q 和 $\overline{Q}$ 的波形。设触发器的初态为 0。

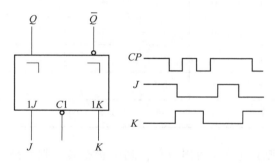

图 4-74 （2）图

（3）在图 4-75 所示的边沿 T 触发器中，加入图示的输入波形，画出触发器输出端 Q 和 $\bar{Q}$ 的波形。设触发器的初态为 0。

（4）电路如图 4-76 所示，试画出时序逻辑电路部分的状态图，并画出在时钟信号 CP 作用下 2 线–4 线译码器（74LS139）输出 $\bar{Y}_0\bar{Y}_1\bar{Y}_2\bar{Y}_3$ 的波形。

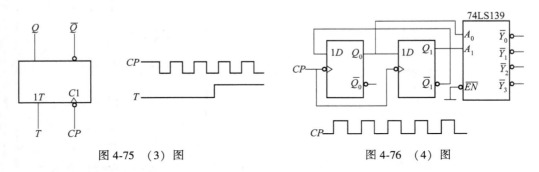

图 4-75 （3）图　　　　　　　　　　　图 4-76 （4）图

（5）试分析图 4-77 所示电路的逻辑功能。

（6）用 D 触发器和门电路设计一个格雷码计数器，状态图如图 4-78 所示。

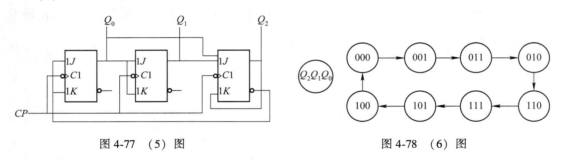

图 4-77 （5）图　　　　　　　　　　　图 4-78 （6）图

（7）用 JK 触发器和门电路按表 4-29 所列循环 BCD 码设计一个十进制同步加法计数器，画出逻辑电路。

表 4-29　循环 BCD 码

十进制数	A	B	C	D	十进制数	A	B	C	D
0	0	0	0	0	5	1	1	1	0
1	0	0	0	1	6	1	0	1	0
2	0	0	1	1	7	1	0	1	1
3	0	0	1	0	8	1	0	0	1
4	0	1	1	0	9	1	0	0	0

（8）分析图 4-79 所示电路，写出方程，列出状态表，判断是几进制计数器，有无自启动能力。

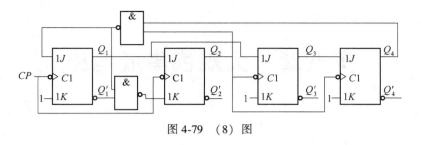

图 4-79 （8）图

（9）分析图 4-80 用移位寄存器接成的计数器电路，画出电路的状态转换图，指出这是几进制计数器，电路能否自启动。

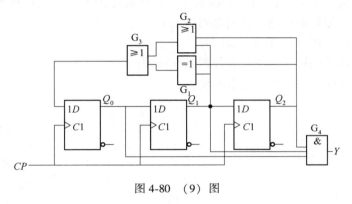

图 4-80 （9）图

第五章　大规模集成电路

学习目标

（1）了解半导体存储器的工作原理。
（2）了解只读存储器（ROM）和随机存取存储器（RAM）的工作特点和不同类型。
（3）掌握存储器扩展存储容量的电路连接方法。
（4）了解可编程逻辑器件的发展历程。
（5）了解早期典型可编程逻辑器件的工作原理。
（6）了解 CPLD 和 FPGA 的工作原理。

本章导视

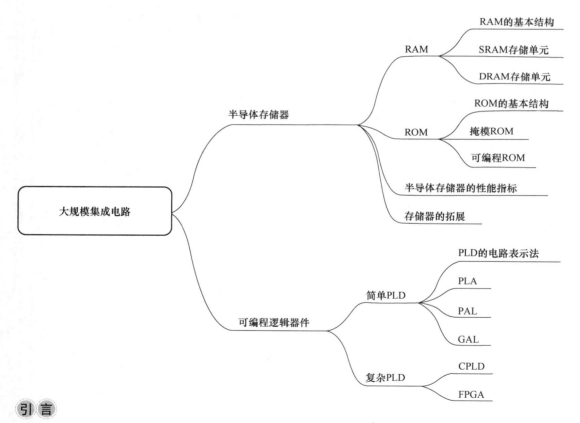

引言

　　可以想象，使用数以百计的逻辑集成电路（Integrated Circuit，IC）来实现复杂的逻辑电路是十分困难的。除了要满足所有的逻辑功能外，还需占用大量的印制电路板空间，很多情况下 4 逻辑门或 6 逻辑门 IC 中仅有一个或两个逻辑门被使用。因此"可编程逻辑"的概念应运而生。这是不需要使用 7400 或 4000 系列 IC 而直接实现逻辑电路设计的方法。

用户可以购买多种可自行设计的、能够实现特定逻辑功能的 IC，它称为可编程逻辑器件（Programmable Logic Device，PLD）。

本章主要学习目前应用较多、发展较为迅速的两类大规模集成电路：半导体存储器和可编程逻辑器件。半导体存储器方面的内容主要包括 RAM 和 ROM 的工作原理、存储器容量扩展方法等；可编程逻辑器件方面的内容主要包括简单 PLD（包括 PROM、PLA、PAL 和 GAL）、复杂 PLD（包括 CPLD、FPGA）和 FPGA 芯片应用等。

第一节 半导体存储器

随着大规模集成电路技术的发展，半导体存储器以其集成度高、容量大、功耗低、存取速度快等特点，已成为数字系统中不可缺少的组成部分。可编程逻辑器件是 20 世纪 70 年代发展起来的一种大规模数字集成电路，使用者可以自行定义和设置逻辑功能，通过编程可以很容易地实现复杂的逻辑功能，并且设计周期短、可靠性强，因而得到广泛应用。

半导体存储器按其使用功能不同，可分为随机存取存储器（Random Access Memory，RAM）和只读存储器（Read Only Memory，ROM）两种。RAM 使用灵活、读写方便，可以随机从中读取或写入数据，但一旦断电，数据就会立即丢失，故通常不用于存放需长期保存的数据信息；ROM 通常用来存储固定信息，一般由专门设备写入数据，数据一旦写入就不能随意修改，即使断电，数据也不会改变或丢失。

一、RAM

RAM 是指可以从任意选定的单元读出数据，或将数据写入任意选定的存储单元。它的优点是读写方便，使用灵活；缺点是掉电后会丢失信息。按照工作方式不同，RAM 可以分为静态随机存取存储器（Static Random Access Memory，SRAM）和动态随机存取存储器（Dynamic Random Access Memory，DRAM）两类。

（一）RAM 的基本结构

RAM 的基本结构如图 5-1 所示，I/O 端画双箭头是因为数据既可由此端口读出，也可写入。

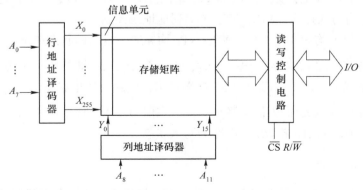

图 5-1 RAM 的基本结构

对照图 5-1，从存储矩阵、地址译码器和读写控制电路三方面对 RAM 做必要的说明。

1. 存储矩阵

图 5-1 中的存储矩阵共有 2^8（256）行 $\times 2^4$（16）列共 2^{12}（4096）个信息单元（即字），每个信息单元有 k 位二进制数（1 或 0），存储器中存储单元数量称为存储容量（字数×位数）。存储容量习惯以 K（$1K=1024$ 位）为单位来表示，如 1K×4 和 2K×8 存储器，其容量分别是 1024×4 位和 2048×8 位。

2. 地址译码器

地址译码器的作用是将输入的地址代码译成相应的控制信号，利用该控制信号从存储矩阵中把指定的单元选出，并把其中的数据送到输出缓冲器。

在图 5-1 中，行地址译码器输入 8 位行地址码，输出 256 条行选择线（用 X 表示）；列地址译码器输入 4 位列地址码，输出 16 条列选择线（用 Y 表示）。

3. 读写控制电路

对于图 5-1 中的 $R/\overline{W}$ 端，当 $R/\overline{W}=0$ 时，进行写入（Write）数据操作；当 $R/\overline{W}=1$ 时，进行读出（Rea）数据操作。RAM 存储矩阵的示意图如图 5-2 所示。如果 $X_0=Y_0=1$，则选中第一个信息单元的 4 个存储单元，可以对这 4 个存储单元进行读出或写入。

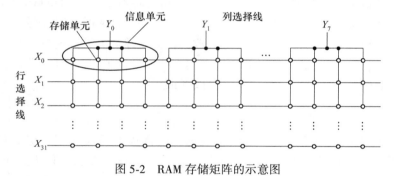

图 5-2   RAM 存储矩阵的示意图

（二）SRAM 存储单元

图 5-3 所示是由六只 NMOS 管组成的 SRAM 存储单元。其中，VF_1、VF_3 和 VF_2、VF_4 两个反相器交叉耦合构成触发器，$VF_5\sim VF_8$ 是门控管，VF_5、VF_6 在 X 行地址线控制下控制触发器的读出与写入操作；VF_7，VF_8 受 Y 列地址线控制。

当地址线 X 和 Y 均为高电平时，$VF_5\sim VF_8$ 均导通，电路的状态如下。

（1）当读写控制端 $R/\overline{W}$ 为高电平 1 时，三态门 D_1、D_2 被禁止，三态门 D_3 工作，存储数据 Q 经数据线 D，从三态门 D_3 至 I/O 端输出，电路为读出状态。

（2）当读写控制端 $R/\overline{W}$ 为低电平 0 时，三态门 D_1、D_2 工作，三态门 D_3 被禁止，I/O 上的数据经 D_1、D_2 写入存储单元，电路为写入状态。

（三）DRAM 存储单元

图 5-3 所示的 SRAM 存储单元是由六只 NMOS 管构成，由于管子数目多、功耗大，集

成度受到限制。DRAM 克服了这些缺点。MOS 管是高阻元件，即它的极间电阻极高，存储在极间电容上的电荷会因放电回路的时间常数很大而不能马上泄放掉，DRAM 正是利用 MOS 管的这一特性来存储数据的。DRAM 存储单元的电路结构有四管、三管和单管等形式。目前，大容量 DRAM 一般都采用单管形式，因为它结构简单、占用芯片面积小、有利于制造大容量存储器。图 5-4 所示为单管 DRAM 存储单元。当电容 C 充电呈高电平时，相当于存有 1 值，反之为 0 值。MOS 管 VF 相当于一个开关，当行选线 X 为高电平时，VF 导通，电容 C 与位线 B 连通，反之则断开。

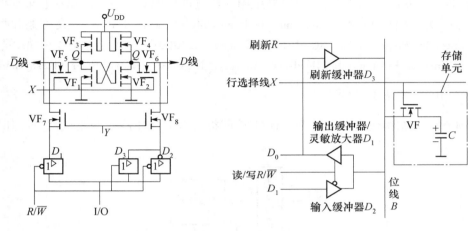

图 5-3　六管 SRAM 存储单元　　　　图 5-4　DRAM 存储单元

（1）当读写控制端 $R/\overline{W}$ 为高电平 1 时，三态门输出缓冲器 D_1 工作，三态门输入缓冲器 D_2 被禁止，电容 C 中存储的数据通过位线 B 和三态门输出缓冲器 D_1 输出 D_0。值得说明的是，由于读出时会消耗电容 C 中的电荷，存储的数据被破坏，故每次读出数据后，必须及时对读出单元刷新，即此时刷新控制端 R 为高电平，则读出的数据经三态门刷新缓冲器 D_3 和位线 B 对电容 C 进行刷新。

（2）当读写控制端 $R/\overline{W}$ 为低电平 0 时，三态门输入缓冲器 D_2 工作，三态门输出缓冲器 D_1 被禁止，数据 D_1 经三态门输入缓冲器 D_2 和位线 B 写入存储单元。若 D_1 为高电平 1，则向电容 C 充电；反之，电容 C 放电。

基础夯实

（1）容量为 256×4 的 RAM 有多少个地址线？多少个数据线？每个地址有多少个存储单元？试用 256×4 的 RAM 扩展成 1024×4 的 RAM，采用什么方法？画出连线图。

（2）SRAM 芯片有 17 位地址线和 4 位数据线，用这种芯片为 32 位字长的处理器构成 1M×32 位的存储器，采用模块结构，则：

1）若每个模块为 256×32 位，需多少个模块；

2）每个模块内需要几片这样的芯片；

3）构成 1M×32 位的存储器需要多少片芯片。

二、ROM

前面讨论的 RAM 在电源断电后，其存储的数据便随之消失，具有易失性。而只读存储器（ROM）则不同，ROM 一般由专用装置写入数据，数据一旦写入，不能随意改写，切断电源之后，数据也不会消失，即具有非易失性。像计算机中的自检程序、初始化程序等，都是存储在 ROM 中的。

ROM 的种类很多，从制造工艺上可分为二极管 ROM、双极型 ROM 和 MOS 型 ROM 三种；按内容更新方式的不同，可分为固定 ROM（或掩膜 ROM）和可编程 ROM，可编程 ROM 又可分为一次可编程 ROM（Programmable Read-Only Memory，PROM）、光可擦除可编程 ROM（Erasable Programmable Read-Only Memory，EPROM）、电可擦除可编程 ROM（Electrical Erasable Programmable Read-Only Memory，E^2PROM）和闪式 ROM（Flash Memory）。

（一）ROM 的基本结构

ROM 的电路结构包含存储阵列、地址译码器和输出缓冲器 3 个组成部分，如图 5-5 所示。

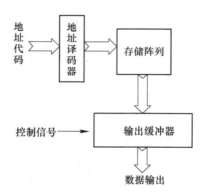

图 5-5　ROM 的电路结构框图

存储阵列由许多存储单元排列组成，每个存储单元存放 1 位二值数据。存储单元可以用二极管、双极型三极管或 MOS 管构成。通常存储单元排列成矩阵形式，且按一定位数进行编组，每次读出一组数据，这里的组称为字。一个字中所含的位数称为字长。为了区别各个不同的字，给每个字赋予一个编号，称为地址。构成字的存储单元也称为地址单元。

地址译码器将输入的地址代码译成相应的地址信号，从存储矩阵中选出相应的存储单元，并将其中的数据送到输出缓冲器。地址单元的个数 N 与二进制地址码的位数 n 满足关系式 $N=2^n$。

输出缓冲器为三态缓冲器，实现对输出的三态控制，以便与系统的数据总线连接。当有数据读出时，三态缓冲器为数据总线提供足够的驱动能力；当没有数据输出时，输出高阻态，避免对数据总线产生影响。

图 5-6 是一个有 2 位地址输入码和 4 位数据输出的 ROM 电路，其中存储阵列由字线和位线交叉处的二极管构成。

2 位地址代码 A_1A_0 能给出 4 个地址，地址译码器将这 4 个地址代码分别译成 $Y'_0 \sim Y'_3$ 这 4 根字线上的低电平。当每根字线上给出低电平时，都会在 $d_3 \sim d_0$ 这 4 根位线上输出一个 4 位的二值代码，即一个字。例如，给定地址代码为 $A_1A_0 = 10$，地址译码器输出 Y'_2 为低电平，则 Y'_2 字线与所有位线交叉处的二极管导通，使相应的位线变为低电平，而交叉处没有二极管的位线仍保持高电平，即位线 $d_3 \sim d_0$ 分别为高电平、低电平、高电平、高电平。此时，若输出使能控制信号有效，即 $OE' = 0$，则位线电平经输出缓冲器反相后输出，使 $D_3D_2D_1D_0 = 0100$。该 ROM 全部 4 个地址内所存储的数据见表 5-1。

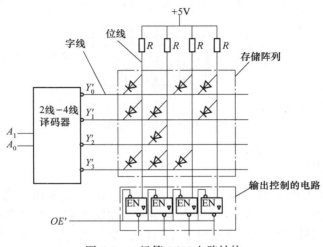

图 5-6　二极管 ROM 电路结构

表 5-1　二极管 ROM 存储的数据

地址		数据			
A_1	A_0	D_3	D_2	D_1	D_0
0	0	1	0	1	1
0	1	1	1	0	1
1	0	0	1	0	0
1	1	1	1	1	0

根据上述分析，字线与位线交叉处相当于一个存储单元，此处若有二极管存在，则表示存储单元存储 1，否则存储 0。存储阵列交叉点的数目也就是存储单元数。习惯上用存储单元的数目表示存储器的存储容量，一般表示为字数与字长的乘积，即（字数）×（字长）。例如，如图 5-6 所示 ROM 的存储容量应表示为 4×4 位。存储器的容量越大，意味着能存的数据越多。例如，一个容量为 256×4 位的存储器，有 256 个字，字长为 4 位，总共有 1024 个存储单元。存储容量较大时，字数通常采用 K、M 或 G 为单位，$1K = 2^{10} = 1024$、$1M = 2^{20} = 1024K$、$1G = 2^{30} = 1024M$。

采用 MOS 工艺制作 ROM 时，地址译码器、存储阵列、输出缓冲器均由 MOS 管构成。图 5-7 给出了 MOS 管存储阵列的结构图。其中，字线与位线交叉处的存储单元如果接有 MOS 管表示存储 1，如果没有接 MOS 管则表示存储 0。

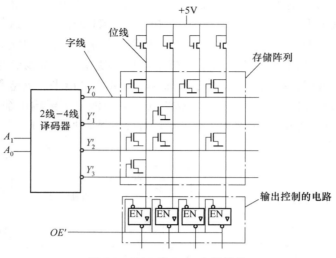

图 5-7　MOS 管 ROM 电路结构

（二）掩模 ROM

以二极管 ROM 为例来说明掩模 ROM。存储单元由二极管构成的 ROM 称为二极管 ROM。图 5-8 所示为一个二极管 ROM 的电路结构，在字线和位线的交叉点处由二极管构成存储单元，交叉点处接有二极管相当于置"1"，没接二极管相当于置"0"。交叉点的数目就是存储单元数，即存储容量。图 5-8 所示 ROM 有两位地址码输入端 A_1、A_0 和四位数据输出端 $D_3 \sim D_0$，地址译码器的输出分别为 $Y_0 \sim Y_3$，当 $Y_0 \sim Y_3$ 中某根线上有低电平信号时，就会在 $D_3 \sim D_0$ 输出一个 4 位二进制代码。通常将每个输出代码称为一个"字"，而把 $Y_0 \sim Y_3$ 称为字线，把 $D_3 \sim D_0$ 称为位线。该存储器字数为 4 个（有 4 条字线），字长为 4 位（有 4 条位线），存储容量为 4×4。输出控制电路中通过使能控制端 $\overline{OE}$ 实现对输出三态门

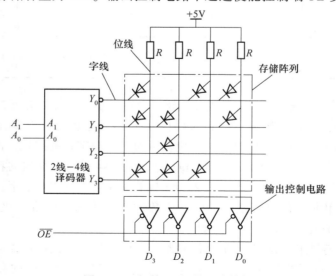

图 5-8　二极管 ROM 的电路结构

的控制，便于 ROM 的输出端与系统的数据总线直接相连。

若给定的地址码为 $A_1A_0 = 11$ 时，译码器的 $Y_0 \sim Y_3$ 中只有 Y_3 为低电平，则 Y_3 字线与所有位线交叉处的二极管导通，使相应的位线变为低电平，而交叉处没有二极管的位线仍保持高电平。此时，若输出使能控制端 $\overline{OE} = 0$，则位线电平经三态门反相输出，使 $D_3D_2D_1D_0 = 1110$。

（三）可编程 ROM

1. PROM

PROM 是一种用户可直接向芯片写入数据的存储器，向芯片写入数据的过程称为对存储器编程。PROM 是在固定 ROM 上发展来的，其存储单元的结构仍然是用二极管、晶体管等作为存储单元，不同的是在存储单元电路中串接了熔丝。图 5-9 所示是一个 PROM 的电路结构，PROM 在出厂时，全部熔丝都是连通的，所有存储单元都是"1"（或"0"），使用时，用户可根据需要（如欲使某些单元改写为"0"或"1"），只要通过编程，并给这些单元通以足够大的电流，使熔丝熔断即可。熔丝熔断后不能恢复，因此，PROM 只能改写一次。

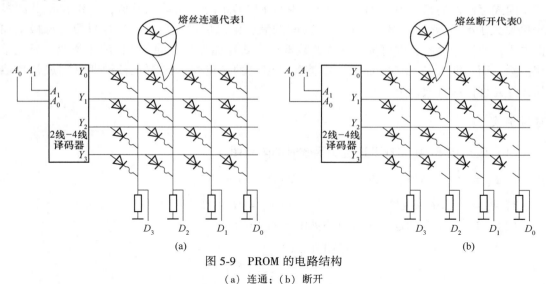

图 5-9 PROM 的电路结构

（a）连通；（b）断开

2. EPROM

EPROM 的存储单元结构是用一个浮栅 MOS 管（见图 5-10）替代熔丝，与普通 MOS 管相比，除了控制栅以外还有一个没有外引线的浮栅。其工作原理是，当浮栅上没有累积电子时，控制栅加控制电压，MOS 管导通，存入信息为 1；当浮栅上有累积电子时，则衬底表面感应出正电荷，使 MOS 管的开启电压变高，如果在控制栅加同样的控制电压，则 MOS 管不能导通，存入信息为 0。因此，MOS 管可以通过控制浮栅上的累积电子来决定存入的信息为 0 还是为 1。

EPROM 通过让紫外光透过芯片中央的透明小窗口来擦除全部保存的信息。若要修改个别存储单元的数据，就不必要擦除全部内容，此时可选用 E^2PROM。

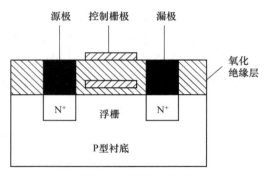

图 5-10　浮栅 MOS 管

3. E²PROM

E²PROM 可以字为单位来进行擦除和改写。其存储单元的结构和 EPROM 相似，只是它的浮栅上增加了一个隧道二极管，利用它累积和释放电子，而不再需要紫外线照射，编程和擦除用电即可完成，且擦除速度快，可擦写的次数多。

4. 闪式存储器

闪式存储器的存储单元 MOS 管的结构与 EPROM 的存储单元类似，区别在于其源极 N^+ 区要大于漏极 N^+ 区，浮栅与 P 型衬底间的氧化绝缘层做得更薄，这样只要在源极上加正电压，使浮栅放电，即可擦除写入的数据。闪式存储器的擦除与 EPROM 类似，只能整片擦除，而不能像 E²PROM 那样按字擦除，但它的速度快，仅需几秒钟即可完成整片擦除，并允许擦除百次以上。

基础夯实

（1）画出用 ROM 实现下述逻辑函数时的阵列图。

1）$F_1 = \overline{AB}C + A\overline{B}C + AB$　　　　2）$F_2 = A + BC$

3）$F_3 = A + \overline{BC} + \overline{A}B$　　　　4）$F_4 = AB + BC + CA$

（2）PROM 实现的逻辑函数电路如图 5-11 所示。

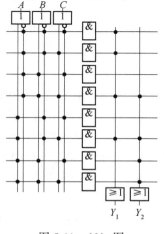

图 5-11　（2）图

1）分析电路功能。

2）说明 A、B、C 为何值时，函数 $Y_1 \cdot Y_2 = 1$。

3）说明 A、B、C 为何值时，函数 $Y_1 + Y_2 = 0$。

三、半导体存储器的性能指标

半导体存储器的指标是正确选择存储器的基本依据，主要包括存储容量、存取时间、功耗、可靠性以及价格等。

（一）存储容量

存储容量是指半导体存储器芯片上能存储的二进制数的位数。存储容量越大，说明它能存储的信息就越多。存储容量是半导体存储器的重要性能指标，通常用存储器芯片所能存储的字数和字长的乘积来表示，即

$$存储容量 = 字数 \times 字长$$

例如，容量为 1024×1 的存储芯片，则该芯片上有 1024 个存储单元，每个单元内可存储一位二进制数；又如，存储容量为 256×4 的存储芯片表示它有 1024 个存储单元。

在微机中，信息的存放都是以字节为单位的，所以往往用字节来表示存储器的容量。一个字节（Byte）包括 8 个二进制位，能存放 8 个二进制信息。例如，某半导体存储器的存储容量为 1KB（1KB = 1024B），则表明该存储器有 1024 个存储单元，每个单元可以存放一个字节的信息（8 位二进制信息）。当然，存储器的单位还有 MB、GB 和 TB，它们之间的换算关系为 1TB = 1024GB，1GB = 1024MB，1MB = 1024KB。

（二）存取时间

半导体存储器的存取时间是指微处理器从其中读取或写入一个数据所需要的时间，也称读写周期，即存储器从接收到微处理器送来的地址，到微处理器从该地址读取或写入一个数据所需要的时间。存取时间越短，其运行速度就越快。半导体存储器的存取时间一般以 ns 为单位。存储器芯片的手册中一般会给出典型的存取时间或最大时间。在芯片外壳上标注的型号往往也给出了时间参数，如 2732A-20 表示该芯片的存取时间为 20ns。

（三）功耗

半导体存储器的功耗是指其正常工作时所消耗的电功率。半导体存储器的功耗可分为工作功耗和维持功耗。工作功耗是指存储器芯片被选中进行读写操作时的功耗，维持功耗是指存储器芯片未被选中而仅仅维持已存储信息时的功耗。存储器的功耗与存取速度有关，一般存取速度越快，功耗越大。

（四）可靠性

半导体存储器的可靠性是指它对周围电磁场、温度、湿度等的抗干扰能力。由于存储器常采用超大规模集成电路（Very Large Scale Integration circuit，VLSI）工艺制成，故它的

可靠性通常较高，寿命比较长，平均无故障时间可达几千小时。

（五）价格

价格也是半导体存储器的一个重要指标。一般地，在满足系统要求的前提下，尽可能选择低价位的半导体存储器芯片，以便节约成本。不过目前半导体存储器降价非常快，以闪存盘（内部为闪速存储器）为例，容量为2GB的闪存盘现在价格很低廉。

在实际应用中，半导体存储器需根据不同的要求和应用场合来选择，重点考虑某个或某几个指标。例如，如果需要存储大量信息，则首先要考虑的指标可能是存储器的容量，其他的指标是次要考虑因素；如果是应用在电池供电的便携式仪器中，则首先需要考虑的指标可能是存储器的功耗；如果是应用在实时监测与控制系统中，则首先需要考虑的指标可能是存取时间。

四、存储器的拓扩展

（一）位扩展

位扩展（即字长扩展）就是将多片存储器经适当的连接，组成位数增多、字数不变的存储器。方法是用同一地址信号控制 n 个相同字数的 RAM。

【例5-1】　将 256×1 的 RAM 扩展为 256×8 的 RAM。

解：
$$N = \frac{总存储容量}{一个芯片存储容量} = \frac{256 \times 8}{256 \times 1} = 8$$

将 8 块 256×1 的 RAM 的所有地址线和 CS（片选线）分别对应并连接在一起，而每一个芯片的位输出作为整个 RAM 输出的一位。结果如图 5-12 所示。

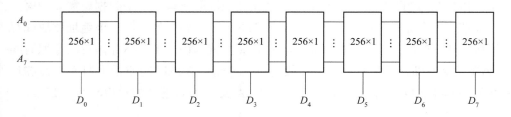

图 5-12　将 256×1 的 RAM 扩展为 256×8 的 RAM

（二）字扩展

字扩展是指将多片存储器经适当的连接，组成字数更多，而位数不变的存储器。

【例5-2】　将 1024×8 的 RAM 扩展为 4096×8 的 RAM。

解：共需 4 个 1024×8 的 RAM 芯片。1024×8 的 RAM 有 10 条地址输入线 $A_9 \sim A_0$，4096×8 的 RAM 有 12 条地址输入线 $A_{11} \sim A_0$，选用 2 线–4 线译码器，将输入接高位地址 A_{11}、A_{10}，输出分别控制 4 个 RAM 的片选端，结果如图 5-13 所示。

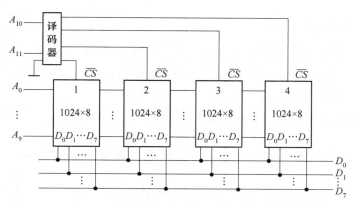

图 5-13　由 1024×8 的 RAM 扩展为 4096×8 的 RAM

第二节　可编程逻辑器件

一、简单 PLD

数字电路分为组合逻辑电路和时序逻辑电路，时序逻辑电路在结构上是由组合逻辑电路和记忆单元组成的，而组合逻辑电路总可以用一组与—或表达式来描述，进而用一组与门和或门来实现。因此，PLD 的核心结构为与门阵列和或门阵列。图 5-14 给出了 PLD 的基本结构框图，用户通过编程对与门、或门阵列进行连线组合，即可完成一定的逻辑功能。为适应各种输入情况，门阵列的输入端都设置有输入缓冲器，从而使输入信号有足够的驱动能力，并产生互补的原变量和反变量。PLD 可以由或门阵列直接输出，即组合方式，也可以通过寄存器输出，即时序方式。输出端一般采用三态输出结构，并设置内部通路，可以把输出信号反馈到与门阵列的输入端。表 5-2 给出了四类简单 PLD 的结构特点。

图 5-14　PLD 的基本结构框图

表 5-2　简单 PLD 的结构特点

器件名称	阵列		输出
	与	或	
PROM	固定	可编程	PROM
PLA	可编程	可编程	PLA
PAL	可编程	固定	PAL
GAL	可编程	固定	GAL

（一）PLD 的电路表示法

PLD 电路表示法在芯片内部配置和逻辑图之间建立了一一对应关系，并将逻辑图和真值表结合起来，构成了一种紧凑而易于识读的表达形式。

1. 门阵列交叉点连接方法

（1）硬线连接：两条交叉线硬线连接是固定的，不可以编程改变，交叉点处用实点"·"表示。

（2）编程连接：两条交叉线依靠用户编程来实现接通连接或断开，交叉点处画叉"×"表示。

（3）断开：表示两条交叉线无任何连接，既无实点也无画叉。

硬线连接、编程连接和断开的图形符号如图 5-15 所示。

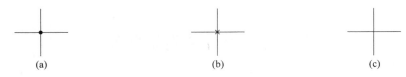

图 5-15　PLD 连接方式的图形符号
（a）硬线连接；（b）编程连接；（c）断开

2. PLD 的逻辑符号表示方法

PLD 的阵列连接规模十分庞大，为方便起见，常采用简化画法来绘制 PLD 的逻辑图，图 5-16 给出了 PLD 的逻辑符号表示方法。PLD 电路的输入缓冲器采用互补输出结构，如图 5-16（a）所示，PLD 电路的输出缓冲器一般采用三态反相输出缓冲器，如图 5-16（d）所示，一个 4 输入端与门的 PLD 的表示法如图 5-16（b）所示，通常把 A、B、C、D 称为输入项，L_1 称为乘积项，则有 $L_1 = ABCD$。图 5-16（c）所示为一个 4 输入端或门的 PLD 表示法，有 $L_2 = A+B+C+D$。

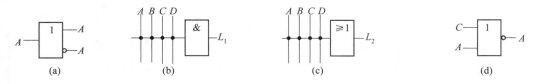

图 5-16　PLD 的逻辑符号表示方法
（a）输入缓冲器；（b）与门符号；（c）或门符号；（d）输出缓冲器

3. PLD 阵列的表示方法

阵列图是将上述缓冲器、与门阵列和或门阵列组合起来构成的，如图 5-17 所示。图中，A、B 为输入信号，F_1、F_2、F_3 为输出信号。与门阵列是固定的，或门阵列是可编程的。

（二）PLA

已经了解到 PROM 能够实现逻辑函数的最小项表达式，而最小项表达式是一种非常烦琐的与-或表达式，当变量较多时，PROM 实现逻辑函数的效率极低。但按最简与-或表达式实现逻辑函数的成本最低，为此人们针对 PROM 的缺点设计了专门用来实现逻辑电路的可编程逻辑阵列（Programmable Logic Array，PLA）。PLA 的基本结构类似于；PROM，但它提供了对逻辑功能处理更有效的方法，它的与门阵列和或门阵列都可编程。图 5-18 所示是一个 PLA 的阵列图，其与门阵列可按需要产生任意的与项，因此，用 PLA 可以实现逻辑函数的最简与–或表达式。

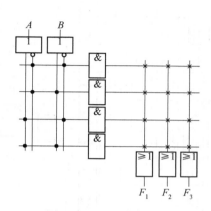

图 5-17　PLD 的阵列图

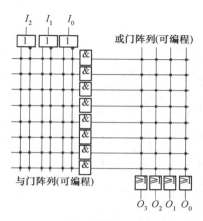

图 5-18　一个 PLA 的阵列图

【例 5-3】　用 PLA 实现下列逻辑函数。

$$Y_1 = A\bar{B}C + AB\bar{C} + \bar{A}BC$$

$$Y_2 = \overline{AC + B\bar{C}} + BC$$

解： Y_1 已经是最简与–表达式。将 Y_2 化简

$$Y_2 = \overline{AC}\overline{B\bar{C}} + BC$$

$$= (\bar{A} + \bar{C})(\bar{B} + C) + BC$$

$$= \bar{A}\bar{B} + \bar{A}C + \overline{BC} + BC$$

$$= \overline{BC} + \bar{A}C + BC$$

（三）PAL

可编程阵列逻辑（PAL）的结构与 PLA 相似，也包含与阵列、或阵列，但是或阵列是固定的，只有与阵列可编程。PAL 的结构如图 5-19 所示。PAL 不必考虑公共的乘积项，送到或门的乘积项数目是固定的，大大化简了设计算法。由于单个或阵列输出的乘积颇为有限，对于需要多个乘积项的应用场合，PAL 通过输出反馈和互连的方式解决，即允许输出端的信号再馈入下一个与阵列。

上述的可编程结构只能解决组合逻辑的可编程问题，而对时序电路却无能为力。由于时序电路是由组合电路及存储单元（锁存器、触发器、RAM）构成的，要在实现组合电路部分可编程的基础上，引入锁存器、触发器等存储单元，才能实现时序逻辑电路。因此，PAL 在输出结构中可以引入寄存器，用以实现时序电路的可编程。

　　PAL 器件具有多种输出结构，比较典型的输出结构有两大类：组合型输出和寄存器型输出。

　　组合型输出结构适用于组合电路。如图 5-20 所示是一种可编程的组合型输入/输出结构，这种输出结构在或门之后增加了一个三态门。三态门的控制端由与阵列中第 1 行的与门输出控制，各与门的输出结果由连接到该乘积项线上的输入信号确定。

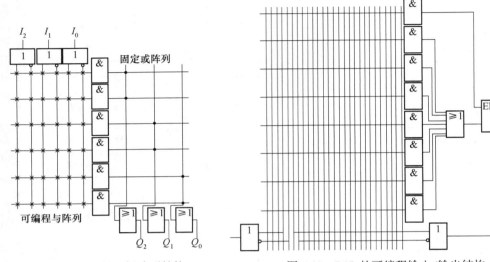

图 5-19　PAL 的逻辑阵列结构

图 5-20　PAL 的可编程输入/输出结构

　　寄存器型输出结构适用于组成时序电路。这种输出结构是在或门之后增加了一个由时钟上升沿触发的 D 触发器和一个三态门，并且 D 触发器的输出还反馈到可编程的与阵列中进行时序控制。寄存器型输出结构中包含寄存器输出、异或加寄存器输出和算术运算反馈 3 种结构。寄存器输出结构如图 5-21 所示。

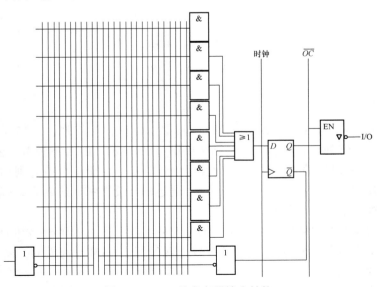

图 5-21　PAL 的寄存器输出结构

PAL 器件的生产和应用始于 20 世纪 70 年代，它采用双极型 TTL 制作工艺和熔丝编程方式，只能实现一次可编程。现在，PAL 已被淘汰，PAL 器件在市场上已不多见。

（四）GAL

尽管 PAL 设置了多种输出结构，但每个器件的输出形式还是比较单一，且固定不能改变，这就使器件的灵活性和适应性较差。为此，人们就进一步将编程的概念和方法引入到输出结构中，设计出一种能对输出方式进行编程的器件—通用阵列逻辑（Generic Array Logic，GAL）。

GAL 在阵列结构上与 PAL 相类似，由可编程的与门阵列和或门阵列组成，差别在于输出部件的不同。GAL 的每一个输出都采用可编程的输出逻辑宏单元（Output Logic Macro Cell，OLMC），从而极大地提高了器件灵活性。

1. GAL 的阵列结构

图 5-22 给出了一种 GAL 器件 GAL18V10 的阵列图，器件型号中的 18 表示最多有 18 个引脚作为输入端，10 表示器件内含有 10 个 OLMC，最多可有 10 个引脚作为输出端。

GAL18V10 的阵列图由五部分组成：10 个输入缓冲器、10 个输出缓冲器、10 个输出逻辑宏单元及可编程与门阵列和 10 个输出反馈/输入缓冲器。除此以外，还有时钟信号、三态控制端、电源及地线端。由于 GAL 中各寄存器的时钟信号是统一的，因此单片 GAL 只能实现同步时序逻辑电路。

2. OLMC 的结构

在 GAL 中可编程方法不但用于与门阵列，而且还被引入输出结构中，从而设计了独特的输出逻辑宏单元。

总之，由于 GAL 的 OLMC 的结构不固定，用户可以根据需要任意设定，因此它比 PAL 更灵活。关于 GAL 还涉及很多方面的知识，使用时，可查阅相关资料。

基础夯实

（1）试用 PLA 产生下列一组与或逻辑函数，画出 PLA 的阵列图。

$$Y_1 = \overline{AB}C + A\overline{B}C + AB\overline{C} + ABC$$

$$Y_2 = A\overline{B}\overline{C}D + A\overline{B}C + \overline{A}BCD$$

$$Y_3 = A\overline{B} + \overline{C}D + ABCD$$

$$Y_4 = \overline{A}B\overline{C} + AB\overline{C} + \overline{A}\overline{B}C + \overline{A}\overline{B}\overline{C}$$

（2）试用 PAL 设计一个数值比较器，输入是两个 2 位二进制数 $A = A_1A_0$、$B = B_1B_0$，输出是两者比较的结果 Y_1（$A = B$ 时值为 1）、Y_2（$A > B$ 时值为 1）和 Y_3（$A < B$ 时值为 1）。

二、复杂 PLD

随着集成电路规模的不断提高，在 20 世纪 80 年代出现了比 GAL 规模更大的可编程器件，由于它们基本上沿用了 GAL 的电路结构，故称其为复杂可编程逻辑器件（CPLD），又称为阵列扩展型 PLD。此后在 90 年代初，Lattice 公司率先提出了在系统可编程技术，

138

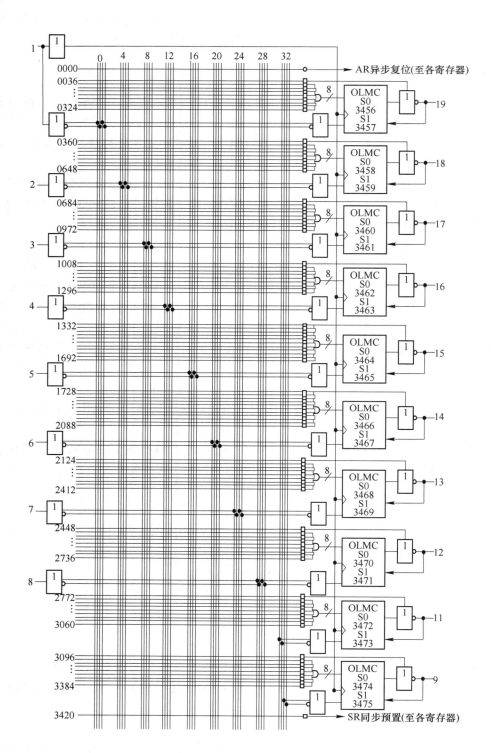

图 5-22 GAL18V10 的阵列图

即无须编程器，可在用户的电路板上对器件直接进行在线编程的技术，并推出了一批具有在系统编程能力的 CPLD，使 PLD 技术发展到了新的高度。由于 CPLD 由若干个大的与或门阵列构成，故又称为大粒度的 PLD。

在可编程器件发展的同时，人们将可编程思想引入另一种半定制器件"门阵列"中，从而出现了可在用户现场进行编程的门阵列产品，称为现场可编程门阵列（FPGA）。这种器件尽管也是可编程的，但它的电路结构及所采用的编程方法和 CPLD 不同。典型的 FPGA 由众多的小单元电路构成，故又称为单元型 PLD，也称为小粒度 PLD。

CPLD 和 FPGA 各具特点，互有优劣，因此在发展过程中也在不断地取长补短，相互渗透，不断出现新型的产品。

（一）CPLD

复杂可编程逻辑器件（CPLD）基本上沿用了 GAL 的阵列结构，在一个器件内集成了多个类似 GAL 的大模块，大模块之间通过一个可编程集中布线池连接起来。在 GAL 中只有一部分引脚是可编程的（OLMC），其他引脚都是固定的输入脚；而在 CPLD 中，所有的信号引脚都可编程，故称为 I/O 脚。

图 5-23 给出了一个典型 CPLD 的内部结构框图。在全局布线池（GRP）两侧各有一个巨模块，每个巨模块含 8 个通用逻辑模块（GLB）、1 个输出布线池（ORP）、1 组输入总线和 16 个输入/输出模块（I/OC）。GRP 是一个二维的开关阵列，负责将输入信号送入 GLB，并提供 GLB 之间的信号连接。

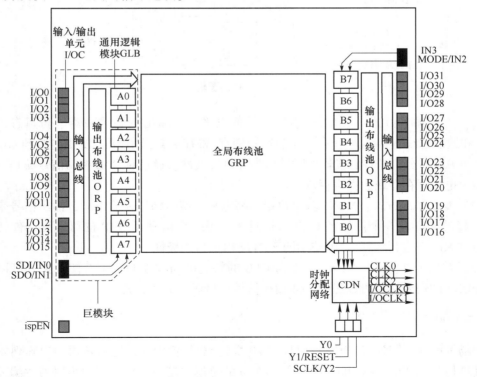

图 5-23　CPLD 的内部结构框图

1. GLB

GLB 的作用主要是实现逻辑功能。它由可编程与门阵列、共享或门阵列及可重构触发器等电路组成，其中最具特色的是共享或门阵列。首先，各或门的输入端固定，属于固定型或门阵列，但各或门的输入端个数不同，既便于实现繁简程度不一的逻辑函数，又可提高与、或门阵列的利用率；其次，四个或门的输出又接到一个 4×4 的可编程或门阵列中，在需要时可实现或门的扩展，以应付特别复杂的逻辑函数。

可重构触发器组可以根据需要构成 D、JK 或 T 触发器，GLB 内部的所有触发器都是同步工作的，时钟信号可以有四种选择。

GLB 与门阵列的输入可能是经 GRP 连接来自其他 GLB 的信号，也可能是经输入总线连接来自 I/OC 的信号。GLB 的输出可能是送至 GRP 以便连到其他 GLB，也可能送至 ORP 以便连到 I/OC。

2. I/OC

I/OC 的作用主要是确定引脚的输入/输出方式，其逻辑电路如图 5-24 所示。

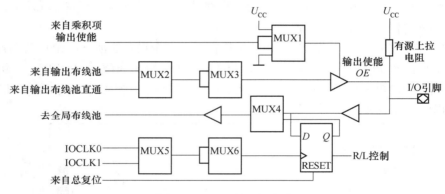

图 5-24　I/OC 的逻辑电路

（1）专用输入方式：SUX1 输出恒定的低电平，使输出三态缓冲器呈高阻态，通过 MUX4 和输入总线直接输入信号或经触发器锁存/寄存后接至 GRP，以便连接到 GLB 中。MUX5 和 MUX6 分别选择触发器的时钟信号和触发极性。通过对 R/L 控制信号编程，可使触发器为电平锁存器或边沿寄存器。

（2）专用输出方式：MUX1 输出恒定的高电平，使引脚作为输出脚，输出信号来自经 ORP 驳接的 GLB，一个信号经 ORP 直通过来，另一个信号经 ORP 的可编程元件转接过来，通过 MUX2 进行选择，MUX3 用于选择输出信号的极性。

（3）双向 I/O 方式：MUX1 由来自 GLB 的特定的与项控制。从而使引脚既可以输出来自 MUX3 的信号，又可以经 MUX4 输入信号，呈双向 I/O 方式。

（二）FPGA

现场可编程门阵列（FPGA）出现于 20 世纪 80 年代中期，它由普通的门阵列发展而来，其结构与 CPLD 大不相同，内含许多独立的可编程逻辑模块，用户可以通过编程将这些模块连接起来实现不同的设计。由于模块很多，所以在布局上呈二维分布，布线的难度和复杂性较高。FPGA 具有高密度、高速率、系列化、标准化、小型化、多功能、低功耗、低成本，设计灵活方便，可无限次反复编程，并可现场模拟调试验证等特点。使用 FPGA，可在较短的时间内完成一个电子系统的设计和制作，缩短了研制周期，达到快速上市和进一步降低成本的要求。目前，FPGA 在我国也得到了较广泛的应用。图 5-25 所示为典型 FPGA 的结构框图。图中，FPGA 由实现逻辑功能的可配置逻辑模块（Configurable Logic Block，CLB）、输入/输出模块（I/OB lock，I/OB）和可编程连线资源（Programmable Interconnect Resource，PIR）组成。

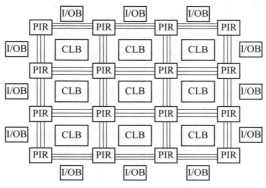

图 5-25　FPGA 的结构框图

1. CLB

CLB 的逻辑框图如图 5-26 所示，其内部包括三个函数发生器、两个 D 触发器和若干个数据选择器。

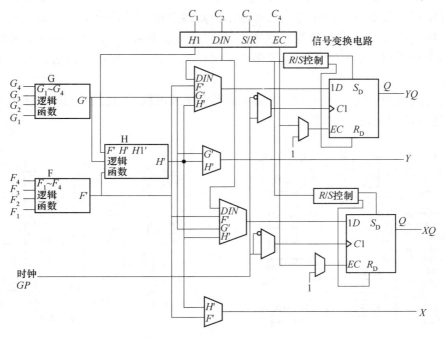

图 5-26　CLB 的逻辑框图

（1）函数发生器：函数发生器实际上就是 SRAM，用于产生逻辑函数，实现特定的逻辑功能。其原理与 PROM 实现逻辑函数的原理相同，只需将欲实现的函数真值表存入 SRAM 中即可。图 5-26 中的三个 SRAM 的规模分别是 $2^4×1$ 的函数发生器 F、$2^4×1$ 的函数发生器 G 和 $2^3×1$ 的函数发生器 H。采用如此小规模的函数发生器是因为 FPGA 中有大量的 CLB，且小规模的 CLB 应用起来更为灵活。函数发生器 G 和函数发生器 F 既可单独使用，也可以与函数发生器 H 一起使用，以实现较复杂的函数。

（2）触发器：每个 CLB 内部含有两个边沿 D 触发器，其触发极性可通过 MUX 选择，并通过 R/S 控制电路对其复位和预置。

（3）输入信号：$G_1 \sim G_4$ 和 $F_1 \sim F_4$ 分别是函数发生器 G 和函数发生器 F 的输入，$C_1 \sim C_4$ 既可以作为函数发生器 H 的输入，又可作为 D 触发器的激励信号、使能信号和复位/预置信号，GP 为触发器的时钟脉冲信号。

（4）输出信号：每个 CLB 提供两个组合型输出和两个寄存器输出。

2. I/OB

I/OB 是 FPGA 内部逻辑模块与器件外部引脚之间的接口。一个 I/OB 与一个外部引脚相连，在 I/OB 的控制下，外部引脚可作输入、输出或者双向信号使用。

3. PIR

CLB 之间和 CLB 与 I/OB 之间的连接均通过 PIR 来实现。由于 FPGA 内有很多 CLB，因此需要十分丰富的连线资源。FPGA 内的连线至少有三种：通用单长度线、通用双长度线和专用长线。

（1）通用单长度线：这种连线的长度最短，相当于一个 CLB 的宽度，如图 5-27 所示。这些连线是贯穿于 CLB 之间的八条垂直和水平金属线段，在这些金属线段的交叉点处是可编程开关矩阵。CLB 的输入和输出分别接至相邻的单长度线，进而可与开关矩阵相连，通过编程，可控制开关矩阵将 CLB 与其他 CLB 或 I/OB 连在一起。若用单长度线连接两个相距较远的 CLB，则需要多段线经过多个开关矩阵相连，这将大大增加信号的传输延迟。

（2）通用双长度线：这种连线的长度相当于单长度线的 2 倍，如图 5-28 所示，它主要用来实现不相邻 CLB 间的连接。

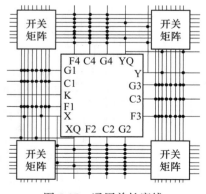

图 5-27　通用单长度线

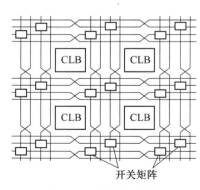

图 5-28　通用双长度线

（3）专用长线：通用单长度线和通用双长度线提供了相邻 CLB 之间的快速互连和复杂互连的灵活性，但传输信号每通过一个可编程开关矩阵，就增加一次延迟，所以当连接距离较远时，用多段线互连会造成较大的延迟。而 FPGA 中的一些全局性信号，如寄存器的时钟和控制信号等，不仅要驱动多个寄存器，而且要传输较长的距离，因此在 FPGA 中还设计了一些专用长线以满足这一类要求。专用长线连接结构如图 5-29 所示。长线连接不经过可编程开关矩阵而直接贯穿整个芯片，由于长线连接信号延迟时间少，因此主要用于关键信号的传输。每条长线中间有可编程分离开关，使长线分成两条独立的连线通路，每条连线只有阵列的宽度或高度的一半。CLB 的输入可以由邻近的任一长线驱动，输出可以通过三态缓冲器驱动长线。

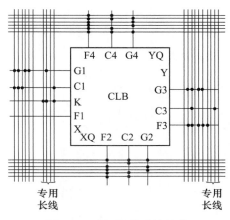

图 5-29　专用长线连接结构

能力提升

（1）试用 4 片 128M×16 位的 SRAM 芯片和合适的译码器组成最大容量为 512M×16 位的存储器。

（2）用 2K×8 位的 RAM6116 构成如图 5-30 所示电路，试确定电路内存的容量及相应的地址。

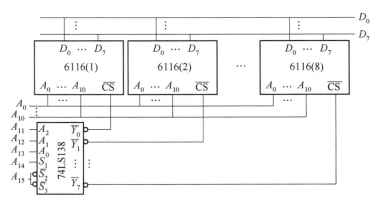

图 5-30　（2）图

（3）试用 ROM 构成一个全加器电路，画出阵列图。

（4）要用 ROM 设计一个 5 线–32 线译码器，试计算需要多大的存储容量。

（5）试用 PLA 实现下面逻辑函数，并与 ROM 阵列实现比较：

$$F = ABC + AB\overline{C} + \overline{A}B\overline{C} + \overline{A}\,\overline{B}C$$

第六章 脉冲波形的产生和变换

学习目标

（1）了解脉冲波形的基本特性和主要参数。
（2）了解和掌握施密特触发器的原理及应用。
（3）了解和掌握单稳态触发器的原理及应用。
（4）了解和掌握多谐振荡器的原理及应用。
（5）掌握 555 器件的使用。

本章导视

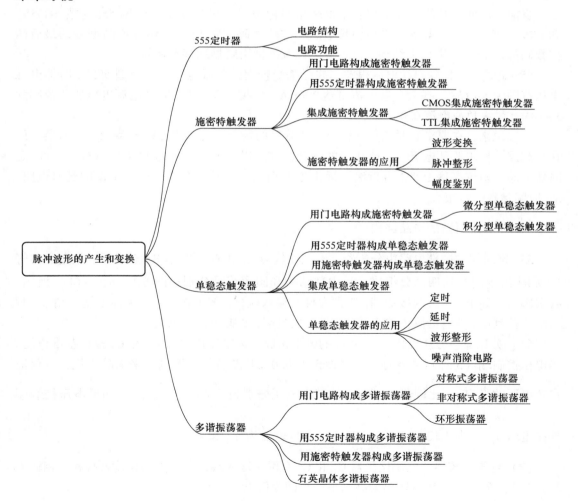

引言

在数字电路和系统中，经常需要各种宽度、幅度的脉冲信号，如时钟信号、定时信号等。当前常用的获得脉冲信号的方法通常是利用多谐振荡器直接产生所需的信号脉冲。

本章主要介绍 555 定时器脉冲波形的产生、变换、整形等，如单稳态触发器常用作定时电路；施密特触发器常用于对脉冲波形的整形或变换；多谐振荡器常用作数字电路的触发脉冲。

第一节　555 定时器

555 定时器（Timer）是一种多用途的单片中规模集成电路。该电路使用灵活、方便，只需外接少量的阻容元件就可以构成单稳态触发器、多谐振荡器和施密特触发器，因而在波形的产生与变换、测量与控制，以及家用电器和电子玩具等许多领域中都得到了广泛的应用。

目前生产的定时器有双极型和 CMOS 型两种类型，其型号分别有 NE555（或 5G555）和 C7555 等。通常，双极型产品型号最后的三位数码都是 555，CMOS 产品型号的最后四位数码都是 7555，它们的结构、工作原理以及外部引脚排列基本相同。

555 定时器工作的电源电压很宽，并可承受较大的负载电流。双极型 555 定时器电源电压范围为 5~16V，最大负载电流可达 200mA；CMOS 型 555 定时器电源电压变化范围为 3~18V，最大负载电流在 4mA 以下。

一般说来，在要求定时长、功耗小、负载轻的场合，宜选用 CMOS 型 555 定时器，而在负载重、要求驱动电流大、电压高的场合，宜选用 TTL 型 555 定时器。CMOS 型 555 定时器的输入阻抗高达 $10^{10}\Omega$ 数量级，远比 TTL 型高，非常适合于长时间工作的延时电路，RC 时间常数一般很大。

一、555 定时器的电路结构

555 定时器的内部电路由分压器、电压比较器 C_1 和 C_2、基本 RS 触发器、放电晶体管 VT 和输出缓冲器 D 四部分组成，其内部结构和图形符号分别如图 6-1（a）、（b）所示。各引脚名称如下：1 脚为接地端，2 脚为触发输入端，3 脚为输出端，4 脚为复位端，5 脚为电压控制端，6 脚为阈值输入端，7 脚为放电端，8 脚为正电源端。

（1）分压器：分压器由三个 $5k\Omega$ 的电阻构成，为电压比较器 C_1 和 C_2 提供基准电压。当电压控制端（5 脚）悬空时（可对地接上 $0.01\mu F$ 左右的滤波电容来消除干扰，以保证参考电压的稳定），比较器 C_1 和 C_2 的基准电压分别为 $\frac{2}{3}U_{cc}$ 和 $\frac{1}{3}U_{cc}$。如果电压控制端外接电压 u_{IC}，则比较器 C_1 和 C_2 的基准电压就变为 u_{IC} 和 $\frac{u_{IC}}{2}$。

（2）电压比较器：电压比较器 C_1 和 C_2 有两个输入端，分别为同相输入端和反相输入端。当 $V_+ > V_-$ 时，比较器输出为高电平，否则为低电平。

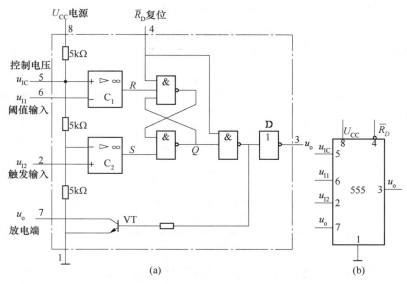

图 6-1　555 定时器的内部结构和图形符号

（a）内部结构；（b）图形符号

（3）基本 RS 触发器：基本 RS 触发器的输入端 R、S 信号取决于电压比较器 C_1 和 C_2 的输出信号。$\overline{R}_D$ 是基本 RS 触发器的直接复位端，当 $\overline{R}_D$ 为低电平时，不管其他输入端的状态如何，输出端 u_o 为低电平。因此在正常工作时，应将其接高电平。

（4）放电晶体管和输出缓冲器：放电晶体管 VT 的工作状态受基本 RS 触发器的状态以及 $\overline{R}_D$ 的控制。当 $Q=0$，$\overline{Q}=1$ 时，VT 导通，7 脚和 1 脚之间形成低阻通路，且 u_o 输出低电平；当 $Q=1$，$\overline{Q}=0$ 时，VT 截止，7 脚和 1 脚之间呈现高阻，u_o 输出高电平。在使用定时器时，VT 的集电极（7 脚）一般都要外接上拉电阻。为了提高 555 定时器的带负载能力，在定时器的输出端设置了输出缓冲器 D，输出缓冲器还可以起隔离作用，隔离负载对定时器的影响。

二、555 定时器的电路功能

由图 6-1（a）可知，当 5 脚悬空时，比较器 C_1 和 C_2 的基准电压分别为 $\dfrac{2}{3}U_{CC}$ 和 $\dfrac{1}{3}U_{CC}$。

（1）当 $u_{11} > \dfrac{2}{3}U_{CC}$，$u_{12} > \dfrac{1}{3}U_{CC}$ 时，比较器 C_1 输出低电平，C_2 输出高电平，基本 RS 触发器被置 0，放电晶体管 VT 导通，输出端 u_o 为低电平。

（2）当 $u_{11} < \dfrac{2}{3}U_{CC}$，$u_{12} < \dfrac{1}{3}U_{CC}$ 时，比较器 C_1 输出高电平，C_2 输出低电平，基本 RS 触发器被置 1，放电晶体管 VT 截止，输出端 u_o 为高电平。

（3）当 $u_{11} < \dfrac{2}{3}U_{CC}$，$u_{12} > \dfrac{1}{3}U_{CC}$ 时，比较器 C_1 输出高电平，C_2 也输出高电平，即基本 RS 触发器 $R=1$，$S=1$，触发器状态不变，电路也保持原状态不变。

综合上述分析，可得 555 定时器的功能表，见表 6-1。

表 6-1　555 定时器的功能表

输　入			输　出	
阈值输入（u_{11}）	触发输入（u_{11}）	复位（$\overline{R}_D$）	输出（u_o）	放电晶体管 VT
×	×	0	0	导通
$< \dfrac{2}{3}U_{CC}$	$< \dfrac{1}{3}U_{CC}$	1	1	截止
$> \dfrac{2}{3}U_{CC}$	$> \dfrac{1}{3}U_{CC}$	1	0	导通
$< \dfrac{2}{3}U_{CC}$	$> \dfrac{1}{3}U_{CC}$	1	不变	不变

需要说明的是，若电压控制端（5 脚）外接电压 u_{IC}，则表中 $\dfrac{2U_{CC}}{3}$ 的位置用 u_{IC} 替换 $\dfrac{U_{CC}}{3}$ 的位置用 $\dfrac{u_{IC}}{2}$ 替换，其他都不变。

第二节　施密特触发器

施密特触发器（Schmidt trigger）是典型的脉冲整形电路，在脉冲波形变换中经常被使用，具有如下特点。

（1）施密特触发器属于电平触发，当输入信号达到某一定电压值时，输出电压会发生突变，即输出电压波形的边沿变得很陡，对于缓慢变化的电压信号仍然适用。

（2）输入信号从低电平上升的过程中电路发生突变时对应的输入电平与输入信号从高电平下降过程中对应的输入转换电平不同，即输入信号增加和减少时，电路有不同的阈值电压。

利用这两个特点不仅能将边沿变化缓慢的信号波形整形为边沿陡峭的矩形波，还可以将叠加在矩形脉冲高、低电平上的噪声有效的清除。

一、用门电路构成施密特触发器

（一）电路结构

用 CMOS 非门构成的施密特触发器如图 6-2 所示。电路中两个 CMOS 反相器 D_1、D_2 串接，D_1 门的输入电平 u_{11} 决定着电路的输出状态。输出电压通过 R_2 反馈到 D_1 门的输入端，从而对电路产生影响。电路中要求 $R_1 < R_2$。

CMOS 非门的电压传输特性可用其输出电压随输入电压变化所得到的曲线来描述，如图 6-3 所示。从其电压传输特性上可以近似认为，$U_{OH} = U_{DD}$，$U_{OL} = 0$，CMOS 的阈值电压 $U_{TH} = 0.5U_{DD}$。

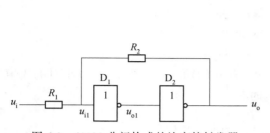

图 6-2　CMOS 非门构成的施密特触发器

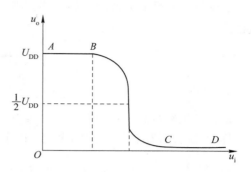

图 6-3　CMOS 非门的电压传输特性

（二）工作原理

用 CMOS 反相器构成的施密特触发器如图 6-4 所示。

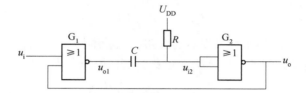

图 6-4　CMOS 反相器构成的施密特触发器

电路中两级反相器串联，通过分压电阻 R_1 和 R_2 将输出端的电压反馈到输入端对电路产生影响。假定电路中 CMOS 反相器的阈值电压为 $U_{TH} \approx U_{DD}/2$，且 $R_1 < R_2$，若输入信号 u_i 是变化缓慢的三角波，其工作原理如下。

当 $u_i = 0$ 时，经 G_1 和 G_2 串联电路，$u_o = U_{OL} \approx 0$，此时 $u_A \approx u_i = 0$。

输入 u_i 从 0 开始逐渐增加，只要 $u_A < U_{TH}$，则电路保持 $u_o = 0$ 不变。

当 u_i 上升使得 $u_A = U_{TH}$ 时，由于 G_1 进入了电压传输特性的转折区（即放大区），使得电路产生如下正反馈过程：

$$u_A\!\uparrow \longrightarrow u_{o1}\!\downarrow \longrightarrow u_o\!\uparrow$$

这样，电路状态很快转换为 $u_o = U_{OH} \approx U_{DD}$。此时，$u_i$ 的值即为施密特触发器在输入信号正向增加时的阈值电压，称为正向阈值电压，用 U_{T+} 表示。因为这时有

$$u_A = U_{TH} \approx \frac{R_2}{R_1 + R_2} U_{T+}$$

所以

$$U_{T+} = \frac{R_1 + R_2}{R_2} U_{TH} = \left(1 + \frac{R_1}{R_2} \right) U_{TH} \tag{6-1}$$

当 $u_A > U_{TH}$ 时，电路状态维持 $u_o = U_{OH}$ 不变。

u_i 继续上升至最大值后开始下降，当 u_i 下降使得 $u_A = U_{TH}$ 时，电路产生如下正反馈过程：

这样，电路状态又迅速转换为 $u_o = U_{OL} \approx 0$。此时的输入电平即为 u_i 减小时的阈值电压，称为负向阈值电压，用 U_{T-} 表示。由于这时有

$$u_A = U_{TH} \approx U_{DD} - \frac{R_2}{R_1 + R_2}(U_{DD} - U_{T-})$$

所以，

$$U_{T-} = \frac{R_1 + R_2}{R_2} U_{TH} - \frac{R_1}{R_2} U_{DD} \tag{6-2}$$

将 $U_{DD} = 2U_{TH}$ 代入式（6-2）后得

$$U_{T-} = 1 - \frac{R_1}{R_2} U_{TH} \tag{6-3}$$

只要满足 $u_A < U_{TH}$，施密特触发器的电路状态就维持 $u_o = U_{OL}$ 不变。

U_{T+} 与 U_{T-} 之差定义为回差电压 ΔU_T，也称为滞回电压，即

$$\Delta U_T = U_{T+} - U_{T-} \approx 2 \frac{R_1}{R_2} U_{TH} \tag{6-4}$$

式（6-4）表明，回差电压与 R_1/R_2 成正比。可以通过改变 R_1、R_2 的比值来调节回差电压的大小。但是，R_1 必须小于 R_2，否则电路将进入自锁状态，不能正常工作。

根据式（6-1）和式（6-3）画出的电压传输特性如图 6-5（a）所示，因为 u_i 和 u_o 高低电平是同相的，所以也将这种形式的电压传输特性称为同相输出的施密特触发特性。

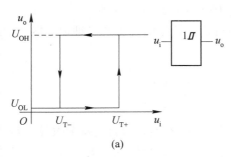
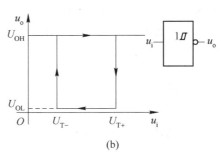

（a）　　　　　　　　　　　　　　　（b）

图 6-5　施密特触发器的电压传输特性
（a）同相传输特性；（b）反相传输特性

如果以图 6-4 中 u_{o1} 处作为输出端，则得到电压传输特性如图 6-5（b）所示。由于 u_{o1} 与 u_i 的高低电平是反相的，因此将这种形式的电压传输特性称为反相输出的施密特触发特性。

反相输出施密特触发器的工作波形如图 6-6 所示。

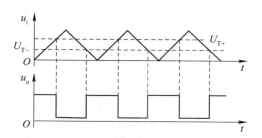

图 6-6　反相输出施密特触发器工作波形

二、用 555 定时器构成施密特触发器

用 555 定时器构成的施密特触发器电路如图 6-7（a）所示。其中，触发输入端 2（$\overline{\text{TR}}$）和阈值输入端 6（TH）连接在一起，外接输入电压 u_i，作为施密特触发器的输入端；复位端 4（$\overline{R_D}$）接电源 U_{CC}；放电端 7（DISC）通过电阻 R 连接 U_{CC}；控制电压端 5（U_{CO}）对地接 $0.01\mu F$ 电容，起滤波作用，目的是调高比较电压的稳定性。

施密特触发器的工作波形如图 6-7（b）所示，为了便于分析，将 555 定时器内部两个比较器单独列出，如图 6-8 所示。

当 $u_i = 0$ 时，比较器 C_1 输出为 1、C_2 输出为 0，触发器置 1，即 $Q = 1$、$\overline{Q} = 0$，$u_o = 1$。当 u_i 升高时，在未到达 $\dfrac{2}{3} U_{CC}$ 以前，$u_o = 1$ 的状态不会改变。

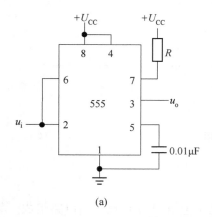

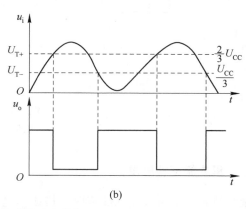

(a)　　　　　　　　　　　　　　　(b)

图 6-7　555 定时器构成的施密特触发器

（a）电路；（b）工作波形

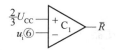

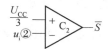

图 6-8　555 定时器内部比较器

当 u_i 升高到 $\frac{2}{3}U_{CC}$ 时，比较器 C_1 输出为 0、C_2 输出为 1，触发器置 0，即 $Q = 0$、$\overline{Q} = 1$，$u_o = 0$。此后，u_i 上升到 U_{CC}，然后降低，但在未到达 $\frac{1}{3}U_{CC}$ 以前，$u_o = 0$ 的状态不会改变。

当 u_i 下降到 $\frac{1}{3}U_{CC}$ 时，比较器 C_1 输出为 1、C_2 输出为 0，触发器置 1，即 $Q = 1$、$\overline{Q} = 0$，$u_o = 1$。此后，u_i 继续下降到 0，但 $u_o = 1$ 的状态不会改变。

通过上述的分析，可以得到由 555 定时器构成的施密特触发器的，上限阈值电压 $U_{T+} = \frac{2}{3}U_{CC}$，下限阈值电压 $U_{T-} = \frac{1}{3}U_{CC}$，则回差电压 $\Delta U_T = U_{T+} - U_{T-} = \frac{1}{3}U_{CC}$。可见它的传输特性取决于两个参考电压。

基础夯实

由集成芯片 555 构成的施密特触发器电路及输入波形 u_i 如图 6-9 所示。要求：

（1）求出该施密特触发器的阈值电压 U_{T+}、U_{T-}；

（2）画出输出 u_o 的波形。

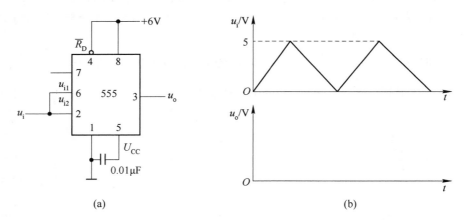

图 6-9　题图

（a）电路；（b）波形

三、集成施密特触发器

施密特触发器可以用 555 定时器构成，也可以用分立元器件和集成门电路组成。集成施密特触发器性能稳定，应用十分广泛，无论是 CMOS 还是 TTL 电路，都有单片的集成施密特触发器产品。

（一）CMOS 集成施密特触发器

图 6-10（a）是 CMOS CC40106 集成施密特触发器（六反相器）的引脚排列，表 6-2 是其主要静态参数。

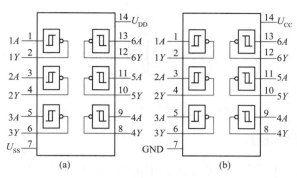

图 6-10　CC40106 和 74LS14 的引脚排列

（a）CC40106；（b）74LS14

表 6-2　CC40106 的主要静态参数

电源电压 U_{DD}	U_{T+} 最小值	U_{T+} 最大值	U_{T-} 最小值	U_{T-} 最大值	ΔU_T 最小值	ΔU_T 最大值	单位
5	2.2	3.6	0.9	2.8	0.3	1.6	V
10	4.6	7.1	2.5	5.2	1.2	3.4	V
15	6.8	10.8	4	7.4	1.6	5	V

（二）TTL 集成施密特触发器

图 6-10（b）所示是 TTL 74LS14 集成施密特触发器的引脚排列。几个 TTL 集成施密特触发器的主要参数的典型值见表 6-3。

表 6-3　几个 TTL 集成施密特触发器的主要参数的典型值

电路名称	器件型号	延迟时间/ns	每门功耗/mW	U_{T+}/V	U_{T-}/V	ΔU_T/T
六反相缓冲器	74LS14	15	8.6	1.6	0.8	0.8
四 2 输入与非门	74LS132	15	8.8	1.6	0.8	0.8
双 4 输入与非门	74LS13	16.5	8.75	1.6	0.8	0.8

集成施密特触发器不仅可以做成单输入端反相缓冲器形式，还可以做成多输入端与非门形式，如 CMOS CC4093 四 2 输入与非门、TTL 74LS132 四 2 输入与非门和 74LS13 双 4 输入与非门等。为了提高电路的性能，有些电路在施密特触发器的基础上，增加了整形级和输出级。整形级可以使输出波形的边沿更加陡峭，输出级可以提高电路的带负载能力。

TTL 施密特触发与非门和缓冲器具有以下特点。

（1）输入信号边沿的变化即使非常缓慢，电路也能正常工作。

（2）对于阈值电压和滞回电压均有温度补偿。

（3）带负载能力和抗干扰能力都很强。

基础夯实

如图 6-11 所示的施密特触发器电路中，已知 G_1 和 G_2 为 CMOS 反相器，$R_1 = 5k\Omega$，$R_2 = 15k\Omega$，电源电压 $U_{DD} = 12V$。试计算电路的正向阈值电压 U_{T+}、负向阈值电压 U_{T-} 和回差电压 ΔU_T。

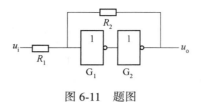

图 6-11　题图

四、施密特触发器的应用

施密特触发器的用途很广，在数字电路中常用于波形变换、脉冲整形及脉冲鉴幅等。

（一）波形变换

利用施密特触发器将可将三角波、正弦波、锯齿波等边沿变化缓慢的周期性信号，变换为边沿很陡峭的矩形脉冲信号。如图 6-12 所示，在反相施密特触发器的输入端加入正弦波，根据电路的电压传输特性，可在输出端得到同频率的矩形波。改变 U_{T+} 和 U_{T-} 就可调节 u_o 的脉宽 t_w。

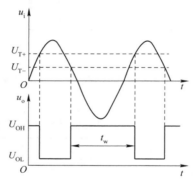

图 6-12　用施密特触发器实现波形变换

（二）脉冲整形

在数字系统中，矩形脉冲经传输后往往发生波形畸变，或者边沿产生阻尼振荡等。通过施密特触发器整形，可以获得比较理想的矩形脉冲波形，如图 6-13 所示（图示所用的是同相施密特触发器）。

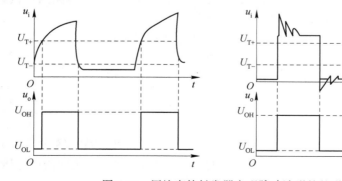

图 6-13　用施密特触发器实现脉冲波形的整形

采用施密特触发器消除干扰时，回差电压大小的选择尤为重要。例如要消除图 6-14（a）所示信号的顶部干扰，选择回差电压较小的 ΔU_{T1}，顶部干扰就不能消除，输出波形如图 6-14（b）所示；必须使回差电压选为较大的 ΔU_{T2} 才能消除干扰，得到图 6-14（c）所示的理想波形。

（三）幅度鉴别

利用施密特触发器输出状态取决于输入信号幅度的工作特点，可以用它来作为幅度鉴别电路。例如，将一系列幅度各异的脉冲信号加到同相施密特触发器的输入端，只有那些幅度大于 U_{T+} 的脉冲才会在输出端产生输出信号，如图 6-15 所示。可见，施密特触发器具有脉冲鉴幅能力。

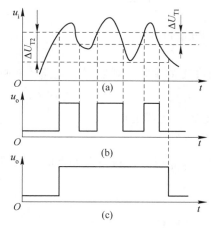

图 6-14　利用回差电压抗干扰

（a）具有顶部干扰的输入信号；（b）回差电压取值为 ΔU_{T1} 时的输出波形；（c）回差电压取值为 ΔU_{T2} 时的输出波形

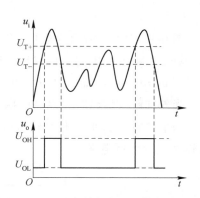

图 6-15　用施密特触发器进行幅度鉴别

第三节　单稳态触发器

单稳态触发器（monostable multivibrator，又称 one-shot）具有如下特点。

（1）它有稳态和暂稳态两个不同的工作状态。

（2）在外界触发脉冲作用下，能够由稳态翻转到暂稳态。暂稳态是一个不能长久保持的状态，经过一段时间后，电路会自动返回到稳态。

（3）暂稳态时间的长短与触发脉冲的宽度和幅度以及电源电压无关，仅取决于电路本身的参数。

单稳态触发器由于具备上述特点被广泛应用于脉冲波形的变换、整形、延时（产生滞后于触发脉冲的输出脉冲）以及定时（产生固定时间宽度的脉冲信号）中。

一、用门电路构成单稳态触发器

单稳态触发器的暂稳态通常都是靠 RC 电路的充、放电过程来维持的。根据 RC 电路的不同接法（即接成微分电路形式或积分电路形式），又可以将单稳态触发器分为微分型和积分型两种。

（一）微分型单稳态触发器

用 CMOS 或非门和 RC 微分电路构成的微分型单稳态触发器电路如图 6-16 所示。

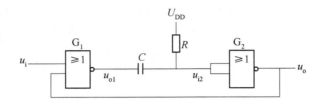

图 6-16　微分型单稳态触发器电路

图 6-16 所示电路用负脉冲触发无效，只有在正的窄脉冲触发时，电路才有响应。

对于 CMOS 门电路，可以近似地认为 $U_{OH} \approx U_{DD}$、$U_{OL} \approx 0$，而且通常 $U_{TH} \approx U_{DD}/2$。在稳态下 $u_i = 0$、$u_{i2} = U_{DD}$，故 $u_o = 0$、$u_{o1} = U_{DD}$，电容 C 上没有电压。

当外加触发信号时，电路由稳态翻转到暂稳态。

当窄的触发脉冲 u_i 加到输入端时，u_i 上升到 u_{TH} 以后，将引发如下的正反馈过程，使 u_{o1} 迅速跳变为低电平。

由于电容上的电压不可能发生突跳，因此 u_{i2} 也同时跳变至低电平，并使得 u_o 跳变为高电平，即 G_1 导通，G_2 截止在瞬间完成，这时电路进入暂稳态。这时，即使 u_i 回到低电平，u_o 的高电平仍将维持。然而，电路的这种状态是不能长久保持的，故称为暂稳态。电路处于暂稳态时，$u_o = U_{DD}$、$u_{o1} = 0$。

随着电容的充电，电路由暂稳态自动返回稳态。

随着充电过程的进行，u_{i2} 逐渐升高，当升至 $u_{i2} = U_{TH}$ 时，又引发如下的正反馈过程。

如果此时的触发脉冲已经消失，即 u_i 已回到低电平，u_{o1}、u_{i2} 迅速跳变为高电平，并使输出返回 $u_o = 0$ 的状态。同时，电容 C 通过电阻 R 和 G_2 门的输入保护电路向 U_{DD} 放电，直至电容上的电压为 0，电路恢复到稳定状态，$u_o = 0$、$u_{o1} = U_{DD}$。

根据以上的分析，即可画出电路中各点的电压波形，如图 6-17 所示。

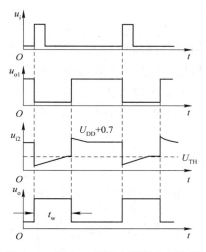

图 6-17　图 6-16 所示电路的电压波形

为了定量描述单稳态触发器的性能，经常使用输出脉冲宽度 t_w、输出脉冲幅度 U_m、恢复时间 t_{re}、分辨时间 t_d 等参数。

输出脉冲宽度 t_w，也就是暂稳态的维持时间，即从电容 C 开始充电到 u_{i2} 上升至 U_{TH} 的这段时间。电容 C 充电的等效电路如图 6-18 所示。其中的 R_{ON} 是或非门 G_1 输出低电平时的输出电阻。在 $R_{ON} \ll R$ 的情况下，等效电路可以简化为简单的 RC 串联电路。

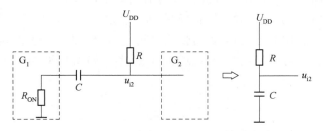

图 6-18　图 6-16 中电容 C 充电的等效电路

根据对 RC 电路过渡过程的分析可知，在电容充、放电过程中，电容上的电压从充、放电开始到变化至 U_{TH} 所经过的时间为

$$t = RC\ln \frac{u_C(\infty) - u_C(0)}{u_C(\infty) - U_{TH}} \tag{6-5}$$

其中，$u_C(0)$ 是电容电压的起始值；$u_C(\infty)$ 是电容电压充、放电的终了值。

由图 6-17 的波形图可见，图 6-18 电路中电压从 0 充电至 U_{TH} 所用的时间为 t_w。将触发脉冲作用的起始时刻为电容充电的起始时间起点，于是将 $u_C(0) = 0$，$u_C(\infty) = U_{DD}$ 代入式 (6-5) 得

$$t_w = RC\ln \frac{U_{DD} - 0}{U_{DD} - U_{TH}}$$

当 $U_{TH} = U_{DD}/2$ 时，则有

$$t_w = RC\ln 2 = 0.69RC \approx 0.7RC$$

输出脉冲幅度为

$$U_m = U_{OH} - U_{OL} = U_{DD}$$

暂稳态结束后，还需要一段恢复时间，以便电容 C 在暂稳态期间所充的电荷释放完，电路恢复为起始的稳态。一般认为经过 3~5 倍电路时间常数的时间后，RC 电路就可基本达到稳态。所以，恢复时间 $t_{re} \approx$（3~5）$R_{ON}C$。

分辨时间 t_d 是指在保证电路正常工作的前提下，允许两个相邻触发脉冲之间的最小时间间隔。因此，$t_d = t_w + t_{re}$。

（二）积分型单稳态触发器

用 TTL 与非门和 RC 积分电路构成的积分型单稳态触发器电路如图 6-19 所示。

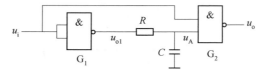

图 6-19　积分型单稳态触发器电路

此电路用正脉冲触发。在稳态下，$u_i = 0$、$u_A = u_{o1} = U_{OH}$、$u_o = U_{OH}$，电容 C 上充满电。

当外加触发信号时，由于电容 C 上的电压不能突变，因此在一段时间里 u_A 仍然在 U_{TH} 之上，即在这段时间里 G_2 的两个输入端电压同时高于 U_{TH}，G_2 的输出端电压 $u_o = U_{OL}$，电路进入暂稳态。电路进入暂稳态的同时，电容 C 开始放电。

随着电容 C 放电，u_A 逐渐下降，当 u_A 下降到 U_{TH} 之后，u_o 回到高电平。待 u_i 返回低电平，u_{o1} 变成高电平，并向电容 C 充电，经过恢复时间 t_{re}，u_A 恢复为高电平，电路回到稳定状态。

根据以上分析，即可画出电路中各点的电压波形，如图 6-20 所示。

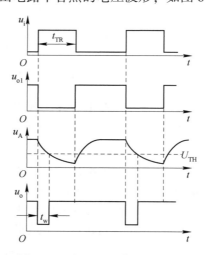

图 6-20　图 6-19 电路的电压波形

输出脉冲宽度 t_w 是从电容 C 开始放电到 u_A 下降到 U_{TH} 的这段时间。电容 C 放电的等效电路如图 6-21 所示。其中的 R_0 是与非门 G_1 输出低电平时的输出电阻，等效电路可以简化为简单的 RC 串联电路。

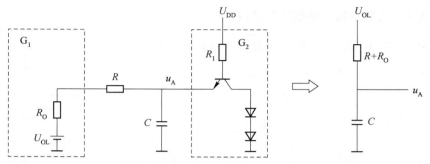

图 6-21　图 6-19 中电容 C 放电的等效电路

输出脉冲宽度 t_w 的计算公式为

$$t_w = (R + R_O) C \ln \frac{U_{OL} - U_{OH}}{U_{OL} - U_{TH}}$$

输出脉冲的幅度为

$$U_m = U_{OH} - U_{OL}$$

恢复时间为

$$t_{re} \approx (3 \sim 5)(R + R'_O) C$$

其中，R'_O 是 G_1 输出高电平时的输出电阻。

分辨时间为

$$t_d = t_w + t_{re}$$

基础夯实

（1）如图 6-22 所示的微分型单稳态触发器电路中，已知 $R = 43 \text{k}\Omega$，$C = 0.01 \mu\text{F}$，电源电压 $U_{DD} = 15\text{V}$，试求在触发信号作用下输出脉冲的宽度和幅度。

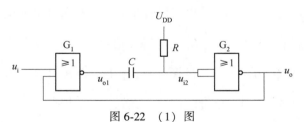

图 6-22　（1）图

（2）如图 6-23 所示的积分型单稳态触发器电路中，已知 $U_{OH} = 3.4\text{V}$，$U_{OL} \approx 0$，$U_{TH} = 1.3\text{V}$，$R = 1\text{k}\Omega$，$C = 0.01 \mu\text{F}$，设触发脉冲的宽度大于输出脉冲的宽度，试求在触发信号作用下输出脉冲的宽度。

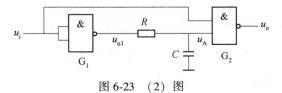

图 6-23　（2）图

二、用 555 定时器构成单稳态触发器

使用 555 定时器构成的单稳态触发器电路如图 6-24（a）所示。

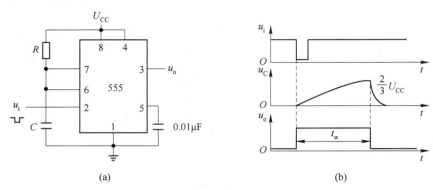

图 6-24　555 定时器构成的单稳态触发器
（a）电路；（b）工作波形

图中，以触发输入端 2（$\overline{\text{TR}}$）作为输入触发端，下降沿触发；复位端 4（$\overline{R}_D$）接电源 U_{CC}，放电端 7（DISC）通过电阻 R 接 U_{CC}，通过电容 C 接地；同时放电端 7（DISC）和阈值输入端 6（TH）连接在一起；控制电压端 5（U_{CO}）对地接 $0.01\mu F$ 电容，以防干扰。

（一）工作原理

单稳态触发器的工作波形如图 6-24（b）所示，工作原理如下。

接通 U_{CC} 后瞬间，U_{CC} 通过 R 对 C 充电，当 u_C 上升到 $\frac{2}{3}U_{CC}$ 时，比较器 C_1 输出为 0，将触发器置 0，$u_o=0$。这时 $Q=1$，放电三极管 T 导通，C 通过 T 放电，电路进入稳态。

当 u_i 下降沿到来时，因为 $u_i < \frac{1}{3}U_{CC}$，使 C_2 输出为 0，触发器置 1，u_o 又由 0 变为 1，电路进入暂稳态。此时 $Q=0$，放电三极管 T 截止，U_{CC} 经 R 对 C 充电。此时触发脉冲已消失，比较器 C_2 输出变为 1，但充电继续进行，直到 u_C 上升到 $\frac{2}{3}U_{CC}$ 时，比较器 C_1 输出为 0，将触发器置 0，电路输出 $u_o=0$，放电三极管 T 导通，C 放电，电路恢复到稳态。

（二）主要参数计算

由以上的分析可知，电路输出脉冲的宽度 t_w 等于暂稳态持续的时间，如果不考虑三极管的饱和压降，也就是不考虑在电容充电过程中电容电压 u_C 从 0 上升到 $\frac{2}{3}U_{CC}$ 所用的时间。根据电容 C 的充电过程可知，$u_C(0^+)=0$、$u_C(\infty)=U_{CC}$、$\tau=RC$，当 $t=t_w$ 时，$u_C(t_w)=\frac{2}{3}U_{CC}=U_T$，因而，可得输出脉冲的宽度为

$$t_w = RC\ln\frac{u_C(\infty) - u_C(0^+)}{u_C(\infty) - U_T} = RC\ln 3 \approx 1.1RC \qquad (6\text{-}6)$$

因此，暂稳态的持续时间仅取决于电路本身的参数，即外接定时元件 R 和 C，而与外界触发脉冲无关。通常，电阻 R 取值在几百欧姆至几兆欧姆之间，电容 C 取值在几百皮法至几百微法之间，电路产生的脉冲宽度可以从几微秒到数分钟。但要注意，随着定时时间的增大，其定时精度和稳定度也将下降。

基础夯实

图 6-25(a)、(b) 所示为由 555 定时器构成的单稳态触发器电路及输入 u_i 的波形。要求：

（1）求出输出信号 u_o 的脉冲宽度 T_w；

（2）对应 u_i 画出 u_C、u_o 的波形，并标明波形幅度。

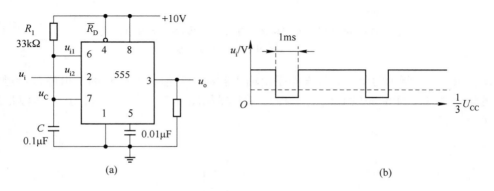

图 6-25 题图
(a) 电路；(b) 波形

三、用施密特触发器构成单稳态触发器

单稳态触发器可以由 555 定时器构成，也可以由施密特触发器构成。图 6-26（a）所示是用 CMOS 集成施密特触发器构成的单稳态触发器。图 6-26 中，触发脉冲经 RC 微分电路加到施密特触发器的输入端，在输入脉冲作用下，使得施密特触发器的输入电压依次经过 U_{T+} 和 U_{T-} 两个转换电平，从而在输出端得到一定宽度的矩形脉冲，用施密特触发器构成的单稳态触发器具体工作原理如下：

稳态时，输入 $u_i = 0$，$u_R = 0$，输出 $u_o = U_{OH}$。当幅度为 U_{DD} 的正触发脉冲加到电路输入端时，u_R 跳变到 U_{DD}。由于 $U_{DD} > U_{T+}$，所以施密特触发器发生翻转，$u_o = U_{OL}$，电路进入暂稳态。在暂稳态期间，随着电容 C 的充电，u_R 按指数规律下降，当 u_R 下降到略低于 U_{T-} 时，施密特触发器再次翻转，电路返回到原来的稳态，输出 $u_o = U_{OH}$。电路各点的波形如图 6-26（b）所示。

由图 6-26（b）可知，输出脉冲的宽度 t_w 取决于 RC 微分电路中电阻 R 上的电压 u_R 从初始值 U_{DD} 下降到 U_{T-} 所需的时间。根据 RC 电路暂态过程分析的三要素法，可得

$$t_{\mathrm{w}} = RC\ln\frac{u_{\mathrm{R}}(\infty) - u_{\mathrm{R}}(0_+)}{u_{\mathrm{R}}(\infty) - u_{\mathrm{R}}(t_2)} = RC\ln\frac{U_{\mathrm{DD}}}{U_{\mathrm{T-}}} \tag{6-7}$$

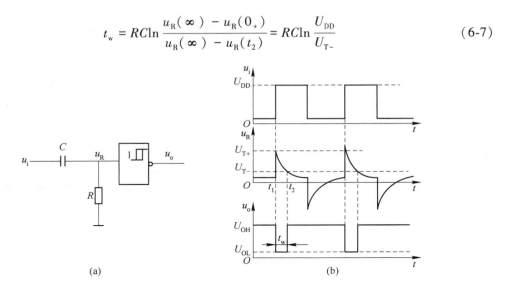

图 6-26　施密特触发器构成的单稳态触发器（上升沿触发）

（a）电路结构；（b）电压波形

　　图 6-26（a）所示的单稳态触发器是由输入脉冲上升沿触发翻转的。由施密特触发器构成的输入脉冲下降沿触发翻转的单稳态触发器如图 6-27（a）所示，其工作波形如图 6-27（b）所示。

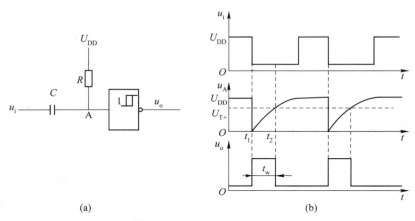

图 6-27　施密特触发器构成的单稳态触发器（下降沿触发）

（a）电路结构；（b）电压波形

四、集成单稳态触发器

　　单稳态触发器应用十分广泛，有多种 TTL 和 CMOS 集成单稳态触发器产品，如 TTIL 系列的 74121、74122、74123 等，CMOS 系列的 CC14528、CC4098 等。这些集成器件除了外接定时电阻和电容之外，其他电路都集成在一个芯片之中。它具有定时范围宽、稳定性好、使用方便等优点，因此得到了广泛应用。根据电路工作特性的不同，集成单稳态触发器可分为不可重复触发和可重复触发两种，其工作波形如图 6-28 所示。

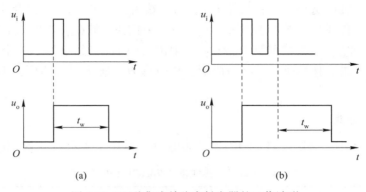

图 6-28　两种集成单稳态触发器的工作波形
（a）不可重复触发的工作波形；（b）可重复触发的工作波形

不可重复触发的单稳态触发器一旦被触发进入暂稳态以后，再加入触发脉冲不会影响电路的工作过程，必须在暂稳态结束以后，它才能接收下一个触发脉冲而转入下一个暂稳态。不可重复触发的单稳态触发器有 74121、74221 等型号。而可重复触发的单稳态触发器在电路被触发而进入暂稳态以后，如果再次加入触发脉冲，电路将重新被触发，使输出脉冲再继续维持一个 t_w 宽度。可重复触发的单稳态触发器的输出脉宽可根据触发脉冲的输入情况的不同而改变。可重复触发的单稳态触发器有 74122、74123 等型号。有些集成单稳态触发器上还设有复位端（如 74221、74122、74123 等），通过复位端加入低电平信号能立即终止暂稳态过程，使输出端返回低电平。本书以 74121 为例进行讲解。

（一）工作原理

图 6-29 是 CMOS 集成单稳态触发器 74HC121 的逻辑图形符号和工作波形图。该器件是在普通微分型单稳态触发器的基础上附加输入控制电路和输出缓冲电路而形成的。

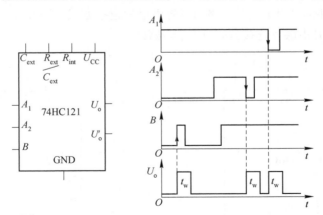

图 6-29　集成单稳态触发器 74HC121 的逻辑图形符号和波形

集成单稳态触发器 74HC121 有两种触发方式：下降沿触发和上升沿触发。A_1 和 A_2 是两个下降沿有效的触发信号输入端，B 是上升沿有效的触发信号输入端。U_o 和 U'_o 是两个状态互补的输出端。R_{ext}/C_{ext}、C_{ext} 是外接定时电阻和电容的连接端，外接定时电阻 R_{ext}

（阻值可在 $1.4\sim40\mathrm{k}\Omega$ 选择）应一端接 U_{CC}，另一端接引脚 $R_{\mathrm{ext}}/C_{\mathrm{ext}}$。外接定时电容 C（一般在 $10\mathrm{pF}\sim10\mu\mathrm{F}$ 选择）一端接引脚 $R_{\mathrm{ext}}/C_{\mathrm{ext}}$，另一端接引脚 C_{ext} 即可。若 C 是电解电容，则其正极接引脚 C_{ext}，负极接引脚 $R_{\mathrm{ext}}/C_{\mathrm{ext}}$。74HC121 内部已经设置了一个 $2\mathrm{k}\Omega$ 的定时电阻，R_{int} 是其引出端，使用时只需将引脚 R_{int} 与引脚 U_{CC} 连接起来即可，不用时则应让引脚 R_{int} 悬空。

（二）逻辑功能

表 6-4 是集成单稳态触发器 74HC121 的功能表，其中 1 表示高电平，0 表示低电平。

表 6-4　集成单稳态触发器 74HC121 的功能表

输入			输出		工作特性
A_1	A_2	B	U_{o}	U_{o}'	
0	×	1	0	1	保持稳态
×	0	1	0	1	
×	×	1	0	1	
1	1	×	0	1	
1	↓	1	⊓	⊔	下降沿触发
↓	1	1	⊓	⊔	
↓	↓	1	⊓	⊔	
0	×	↑	⊓	⊔	上升沿触发
×	0	↑	⊓	⊔	

集成单稳态触发器 74HC121 的外部元器件连接方法如图 6-30 所示。其中，图 6-30（a）是使用外部电阻 R_{ext} 且电路为下降沿触发连接方式；图 6-30（b）是使用内部电阻 R_{int} 且电路为上升沿触发连接方式（$R_{\mathrm{int}}=2\mathrm{k}\Omega$）。

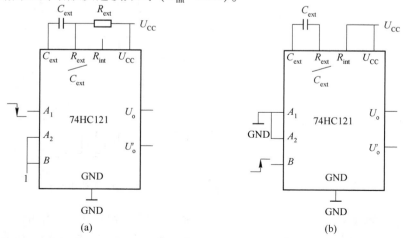

图 6-30　集成单稳态触发器 74HC121 的外部元器件连接方法
（a）使用外接电阻 R_{ext}（下降沿触发）；（b）使用内部电阻 R_{int}（上升沿触发）

（三）主要参数计算

（1）输出脉冲宽度 t_w。

$$t_w = RC \cdot \ln2 \approx 0.7RC$$

其中，使用外接电阻时，$t_w \approx 0.7R_{ext}C$；使用内部电阻时，$t_w \approx 0.7R_{int}C$。

（2）输入触发脉冲最小周期 T_{min}。

$$T_{min} = t_w + t_{re}$$

其中，t_{re} 是恢复时间。

（3）周期性输入触发脉冲占空比 q。

$$Q = t_w/T$$

其中，T 是输入触发脉冲的重复周期；t_w 是单稳态触发器的输出脉冲宽度。

最大占空比为

$$q_{max} = t_w/T_{min} = \frac{t_w}{t_w + t_{re}}$$

对于集成单稳态触发器 74HC121，当 $R = 2k\Omega$ 时 q_{max} 为 67%；当 $R = 40k\Omega$ 时 q_{max} 可达 90%。不难理解，若 $R = 2k\Omega$ 且输入触发脉冲重复周期 $T = 1.5\mu s$，则恢复时间 $t_{re} = 0.5\mu s$，这是 74HC121 恢复到稳态所必需的时间。如果占空比超过最大允许值，路虽然仍可被触发，但 t_w 将不稳定。也就是说 74HC121 不能正常工作，这也是使用 74HC121 时应该注意的一个问题。

基础夯实

集成施密特触发器和 74121 集成单稳态触发器构成的电路如图 6-31 所示。已知集成施密特触发器的 $U_{DD} = 10V$，$R = 100k\Omega$，$C = 0.01\mu F$，$U_{T+} = 6.3V$，$U_{T-} = 2.7V$，$C_{ext} = 0.01\mu F$，$R_{ext} = 30k\Omega$。试计算 u_{o1} 的周期及 u_{o2} 的脉冲宽度，并根据计算结果画出 u_{o1} 和 u_{o2} 的波形。

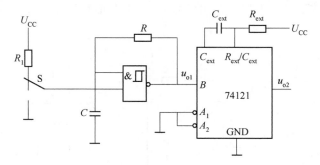

图 6-31 题图

五、单稳态触发器的应用

单稳态触发器是常用的单元电路，其应用十分广泛。例如，单稳态触发器的定时功能主要应用在洗衣机、电风扇、微波炉等家用电器产品中；单稳态触发器的延时功能可以应用在楼道灯等场合，实现延时熄灯的控制。

（一）定时

图 6-32 所示为一个由单稳态触发器和与门构成的定时选通电路框图和工作波形。图中，u_i、u_A、u_B 和 u_o 分别是触发信号、单稳态输出信号、高频输入信号和与门输出信号。单稳态触发器的输出电压 u_A 用作与门的输入定时控制信号，当 u_A 为高电平时与门打开，$u_o = u_B$，当 u_A 为低电平时与门关闭，u_o 为低电平。显然与门打开的时间就是单稳态触发器输出脉冲 u_A 的宽度 t_w。该电路实现了对高频输入信号 u_B 定时选通的控制功能。

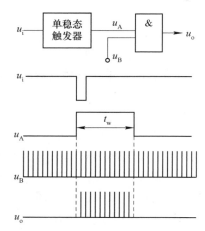

图 6-32　单稳态触发器和与门构成的定时选通电路框图和工作波形

（二）延时

在许多数字控制系统中，为了完成时序的配合，需要将脉冲信号延时一段时间后输出，可以用两个单稳态触发器来实现。图 6-33 所示为用两片 74121 组成的脉冲延时电路及工作波形。从工作波形可以看出，输出信号 u_o 的上升沿相对输入信号 u_i 的上升沿延迟了 t_{w1} 时间。

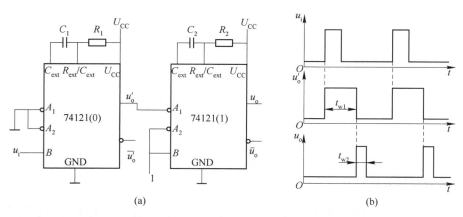

（a）　　　　　　　　　（b）

图 6-33　用两片 74121 组成的脉冲延时电路及工作波形

（a）延时电路；（b）工作波形

（三）波形整形

单稳态触发器能够把不规则的输入信号 u_i 整形为幅度、宽度都相同的矩形脉冲 u_o，如图 6-34 所示。由于脉冲宽度 t_w 仅取决于 RC 定时元件的参数，因此单稳态触发器还可以改变输入脉冲的占空比。

（四）噪声消除电路

由 74121 和 D 触发器组成的噪声消除电路及工作波形分别如图 6-35（a）、（b）所示。因为有用信号一般都有一定的脉冲宽度，而噪声多表现为尖脉冲形式，所以合理地选择 R、C 的值，使单稳态触发器的输出脉宽大于噪声宽度且小于信号的脉宽，即可消除噪声。

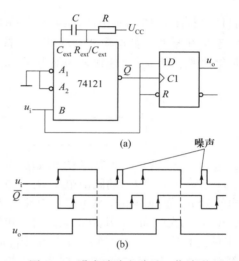

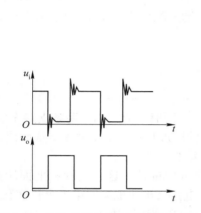

图 6-34 单稳态触发器用于波形的整形　　图 6-35 噪声消除电路及工作波形
（a）电路；（b）工作波形

第四节 多谐振荡器

一、用门电路构成多谐振荡器

（一）对称式多谐振荡器

如图 6-36 所示电路是对称式多谐振荡器的典型电路，它是由两个反相器 G_1、G_2 经耦合电容 C_1、C_2 连接起来的正反馈振荡回路。

为了产生自激振荡，电路不能有稳定状态。也就是说，在静态下（电路没有振荡时）它的状态必须是不稳定的。如果设法使 G_1、G_2 工作在电压传输特性的转折区或放大区，电压的放大倍数 $A_V > 1$，这时只要 G_1、G_2 的输入电压有极微小的扰动，就会被正反馈回路放大而引起振荡。

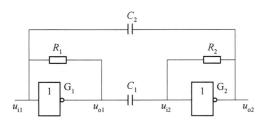

图 6-36 对称式多谐振荡器的典型电路

为了使反相器静态时工作在放大状态，必须给它们设置适当的偏转电压，它的数值应介于高、低电平之间。这个偏转电压可以通过在反相器的输入端与输出端之间接入反馈电阻 $R_1 = R_2 = R$ 来得到。经过计算，对于 74 系列的门电路而言，R 的阻值应取在 $0.5 \sim 1.9\text{k}\Omega$ 之间。

下面具体分析图 6-36 所示电路接通电源后的工作情况。

假定由于某种原因（如电源波动或外界干扰）使 u_{i1} 有微小的正跳变，则必然会引起如下的正反馈过程，使 u_{o1} 迅速跳转为低电平、u_{o2} 迅速跳变为高电平，电路进入第 1 个暂稳态。

同时，电容 C_1 开始充电而电容 C_2 开始放电。C_1 同时经 R_2 和 G_2 两条支路充电，所以充电较快，u_{i2} 首先上升到 G_2 的阈值电压 U_{TH}，并引起如下的正反馈过程，从而使 u_{o2} 迅速跳变至低电平而 u_{o1} 迅速跳变至高电平，电路进入第 2 个暂稳态。

接着，C_2 开始充电而 C_1 开始放电。由于电路的对称性，这一过程和上面所述 C_1 充电、C_2 放电的过程完全对应，当 u_{i1} 上升至 U_{TH} 时电路又迅速地返回第 1 个暂稳态。因此，电路便不停地在两个暂稳态之间往复振荡，在输出端产生矩形脉冲。

如图 6-36 所示电路中各点的电压波形如图 6-37 所示。

从上面的分析可得：第 1 个暂稳态的持续时间 T_1 等于 u_{i2} 从 C_1 开始充电到上升至 U_{TH} 的时间；由于电路的对称性，第 2 个暂稳态持续的时间 T_2 等于 T_1，故总的振荡周期等于 T_1 的两倍。只要找出 C_1 充电的起始值、终了值和转换值就可以代入 $t = RC \times \ln \dfrac{u_C(\infty) - u_C(0)}{u_C(\infty) - U_{TH}}$，求出 T_1 的值了。

考虑到 TTL 门电路输入端反向钳位二极管的影响，在 u_{i2} 产生负跳变时下跳到负的钳位电压 U_{IK}，即电容 C_1 充电的起始值近似为 U_{IK}。电容 C_1 充电的终了值近似为 U_{OH}，转换值为 U_{TH}。如果 G_1、G_2 为 74LS 系列反相器，取 $U_{OH} = 3.4\text{V}$、$U_{IK} = -1\text{V}$、$U_{TH} = 1.1\text{V}$，可以近似求得

$$T \approx 2RC\ln \frac{U_{OH} - U_{IK}}{U_{OH} - U_{TH}} \approx 1.3RC$$

（二）非对称式多谐振荡器

如图 6-38 所示电路是非对称式多谐振荡器的典型电路，由两个 CMOS 反相器 G_1、G_2

经耦合电容 C 连接起来构成。

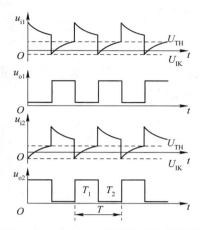

图 6-37 图 6-36 电路的各点电压波形

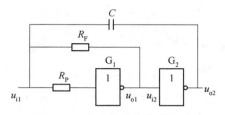

图 6-38 非对称式多谐振荡器

分析在静态下，由于 CMOS 门电路的输入电流近似为零，因此 R_F 上没有压降，即 $u_{i1} = u_{o1}$。也就是说，G_1 工作在电压传输特性的转折区且 $u_{i1} = u_{o1} = U_{TH} = \dfrac{1}{2}U_{DD}$。这种静态是不稳定的，假定由于某种原因使 u_{i1} 有微小的正跳变，则必然会引起如下的正反馈过程，使 u_{o1} 迅速跳转为低电平而 u_{o2} 迅速跳变为高电平，电路进入第 1 个暂稳态，同时电容 C 开始放电。

随着电容 C 放电，u_{i1} 逐渐下降到阈值电压 U_{TH}，则如下另一个正反馈过程发生，使 u_{o1} 迅速跳转为高电平而 u_{o2} 迅速跳变为低电平，电路进入第 2 个暂稳态，同时电容 C 开始充电。

$$u_{i1}\downarrow \longrightarrow u_{i2}\uparrow \longrightarrow u_{o2}\downarrow$$

随着电容 C 充电，u_{i1} 逐渐上升到阈值电压 U_{TH}，电路重新转换为第 1 个暂稳态。因此，电路不停地在两个暂稳态之间振荡，在输出端产生矩形脉冲。图 6-38 所示电路中各点电压波形如图 6-39 所示。

如果 G_1 输入端串接的保护电阻 R_F 足够大，可以近似求解电容放电充电所用的时间 T_1 和 T_2 为

$$T_1 = R_F C \ln \frac{0 - (U_{TH} + U_{DD})}{0 - U_{TH}} \approx R_F C \ln 3$$

$$T_2 = R_F C \ln \frac{U_{DD} - (U_{TH} - U_{DD})}{U_{DD} - U_{TH}} \approx R_F C \ln 3$$

所以，振荡周期为

$$T = T_1 + T_2 \approx 2R_F C \ln 3 \approx 2.2R_F C$$

(三) 环形振荡器

如图 6-40 所示电路是环形振荡器的最简单电路，它是利用延迟负反馈产生振荡的，即利用门电路的传输延迟时间将奇数个反相器首尾相接构成。

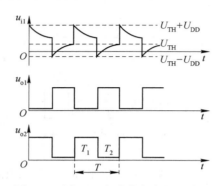

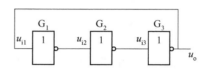

图 6-39　图 6-38 电路的各点电压波形　　　　图 6-40　最简单的环形振荡器电路

不难看出，图 6-40 所示的由 3 个反相器构成的环形振荡器电路是没有稳定状态的。在静态下，任何一个反相器都不可能稳定在高电平或低电平。假定由于某种原因使 u_{i1} 有微小的正跳变，则经过 G_1 的传输延迟时间 t_{pd} 之后 u_{i2} 产生一个更大的负跳变，再经过 G_2 的传输延迟时间 t_{pd} 之后 u_{i3} 产生一个更大的正跳变，再经过 G_3 的传输延迟时间 t_{pd} 之后 u_o 产生一个更大的负跳变，使得 u_{i1} 变为低电平，即经过 $3t_{pd}$ 时间后，u_{i1} 变为低电平；然后再经过 $3t_{pd}$ 时间，u_{i1} 变为高电平。周而复始，在 u_o 输出自激振荡波形，振荡周期为 $T = 6t_{pd}$。

用上述电路构成的振荡器虽然简单，但由于门电路的传输延迟时间非常短，通常为几十纳秒，想获得较低频率的振荡波形是十分困难的，而且频率不易调节，因此并不实用。为了克服这些缺点，可以采用如图 6-41 所示的实用环形振荡器电路，用附加的 RC 延迟电路控制振荡波形的频率。

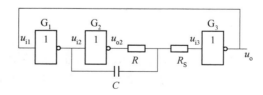

图 6-41　实用的环形振荡器电路

通常，RC 电路产生的延迟时间远远大于门电路的传输延迟时间，所以计算振荡周期时可以只考虑 RC 电路的作用。其中 R_S 是保护电阻，计算振荡周期时也近似不予考虑。因此，电容充电、放电所用的时间 T_1 和 T_2 分别为

$$T_1 = RC \ln \frac{U_{OH} - (U_{TH} - U_{OH})}{U_{OH} - U_{TH}}$$

$$T_2 = RC\ln \frac{0 - (U_{TH} + U_{OH})}{0 - U_{TH}}$$

假定 $U_{OH} = 3V$、$U_{TH} = 1.4V$，则振荡周期为

$$T = T_1 + T_2 \approx 2.2RC$$

基础夯实

（1）如图 6-42 所示的对称式多谐振荡器电路中，若 $R_1 = R_2 = 1k\Omega$，$C_1 = C_2 = 0.1\mu F$，G_2 和 G_2 的 $U_{OH} = 3.4V$，$U_{TH} = 1.3V$，$U_{IK} = -1.5V$，求电路的振荡频率。

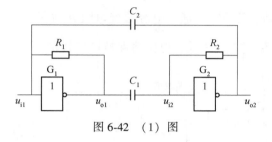

图 6-42 （1）图

（2）如图 6-43 所示的非对称式多谐振荡器电路中，已知 G_1 和 G_2 为 CMOS 反相器，$R_F = 5.1k\Omega$，$C = 0.01\mu F$，$R_P = 100k\Omega$，$U_{DD} = 9V$，$U_{TH} = 4.5V$，试计算电路的振荡频率。

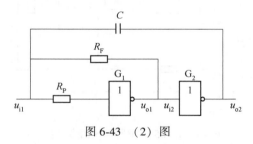

图 6-43 （2）图

（3）如图 6-44 所示的环形振荡器，已知 $R = 300\Omega$，$R_S = 150\Omega$，$C = 0.01\mu F$，G_1、G_2 和 G_3 均为 TTL 门电路，$U_{OH} = 3V$，$U_{OL} \approx 0$，$U_{TH} = 1.3V$，试计算电路的振荡频率。

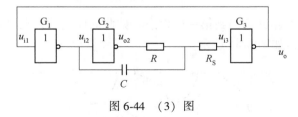

图 6-44 （3）图

二、用 555 定时器构成多谐振荡器

（一）电路结构和工作原理

用 555 定时器构成的多谐振荡器的内部结构和简化电路如图 6-45 所示，其中 R_1、R_2

和 C 是外接定时元件。

在接通电源的瞬间，2 脚和 6 脚的电位 $u_C < \dfrac{1}{3}U_{CC}$（此时电容尚未充电），比较器 C_1、C_2 的输出 $R=1$，$S=0$，触发器置 1（$Q=1$），输出信号 u_o 为高电平。同时，放电晶体管 VT 截止，电源经 R_1、R_2 对 C 充电，u_C 逐渐上升，这时电路处于第一暂稳态。在未达到 $\dfrac{2}{3}U_{CC}$ 之前，电路将保持第一暂稳态不变。

当 u_C 上升到 $\dfrac{2}{3}U_{CC}$ 时，比较器 C_1、C_2 的输出 $R=0$，$S=1$，触发器置 0（$Q=0$），u_o 由高电平跳变为低电平。同时，VT 导通，电容 C 经电阻 R_2 放电，u_C 逐渐降低，这时电路处于第二暂稳态。在未达到 $\dfrac{1}{3}U_{CC}$ 之前，电路将保持第二暂稳态不变。

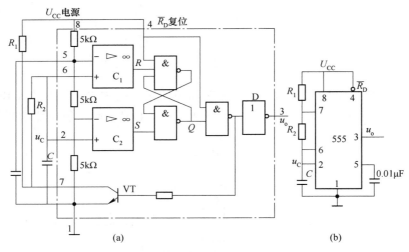

图 6-45　用 555 定时器构成的多谐振荡器

（a）内部结构；（b）简化电路

当 u_C 下降到 $\dfrac{1}{3}U_{CC}$ 时，u_o 由低电平跳变为高电平，同时 VT 截止，电源经 R_1、R_2 再次对 C 充电，u_C 上升，电路又返回到第一暂稳态。如此周而复始，在电路的输出端就得到了一个周期性的矩形波，如图 6-46 所示。

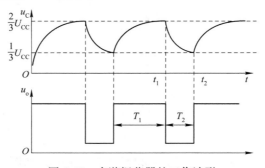

图 6-46　多谐振荡器的工作波形

（二）主要参数计算

（1）第一暂稳态的输出脉冲宽度 T_1：电容充电时，时间常数 $\tau_1 = (R_1 + R_2)C$，起始值 $u_C(0^+) = \frac{1}{3}U_{CC}$，稳定值 $u_C(\infty) = U_{CC}$，转换值 $u_C(t_1) = \frac{2}{3}U_{CC}$。根据 RC 电路暂态过程分析的三要素法，可得

$$T_1 = \tau_1\ln\frac{u_C(\infty) - u_C(0^+)}{u_C(\infty) - u_C(t_1)} = \tau_1\ln\frac{U_{CC} - \frac{1}{3}U_{CC}}{U_{CC} - \frac{2}{3}U_{CC}} = \tau_1\ln2 = 0.7(R_1 + R_2)C \qquad (6-8)$$

（2）第二暂稳态的输出脉冲宽度 T_2：电容放电时，时间常数 $\tau_2 = R_2C$，起始值 $u_C(0^+) = \frac{2}{3}U_{CC}$，稳定值 $u_C(\infty) = 0$，转换值 $u_C(t_2) = \frac{1}{3}U_{CC}$，代入 RC 电路暂态过程计算公式进行计算，可得

$$T_2 = 0.7R_2C \qquad (6-9)$$

（3）电路振荡频率 f

$$f = \frac{1}{T} = \frac{1}{T_1 + T_2} \approx \frac{1.43}{(R_1 + 2R_2)C} \qquad (6-10)$$

（4）输出波形占空比 q

$$q = \frac{T_1}{T} = \frac{0.7(R_1 + R_2)C}{0.7(R_1 + 2R_2)C} = \frac{R_1 + R_2}{R_1 + 2R_2} \qquad (6-11)$$

在图 6-45 所示电路中，由于电容 C 的充电时间常数 $\tau_1 = (R_1 + R_2)C$，放电时间常数 $\tau_2 = R_2C$，所以 T_1 总是大于 T_2，u_o 的波形不仅不可能对称，而且占空比 q 不易调节。利用半导体二极管的单向导电特性，把电容 C 充电回路和放电回路隔离开来，再加上一个电位器，便可构成占空比可调的多谐振荡器，如图 6-47 所示。

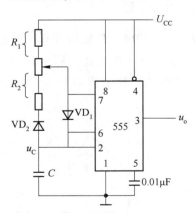

图 6-47 占空比可调的多谐振荡器

由于二极管的引导作用，电容 C 的充电时间常数 $\tau_1 = R_1C$，放电时间常数 $\tau_2 = R_2C$。通过与上面相同的分析计算过程可得 $T_1 = 0.7R_1C$，$T_2 = 0.7R_2C$，则

$$q = \frac{T_1}{T} = \frac{T_1}{T_1 + T_2} = \frac{0.7R_1C}{0.7R_1C + 0.7R_2C} = \frac{R_1}{R_1 + R_2} \tag{6-12}$$

只要改变电位器滑动端的位置，就可以方便地调节占空比 q。如果输出端接入扬声器，改变占空比就可改变扬声器的"音调"，频率的变化范围可从零点零几赫兹到上兆赫兹。由于 555 内部比较器灵敏度较高，且采用了差分电路形式，所以它的振荡频率受电源电压和温度变化的影响较小，而且电源电压使用范围较宽（一般为 $3 \sim 18\text{V}$）。

基础夯实

由 555 定时器组成的多谐振荡器电路如图 6-48（a）所示，已知 $U_{CC} = 12\text{V}$、$C = 0.1\mu\text{F}$、$R_1 = 15\text{k}\Omega$、$R_2 = 22\text{k}\Omega$。要求：

（1）求出多谐振荡器的振荡周期；

（2）在图 6-48（b）上画出 u_C 和 u_o 的波形。

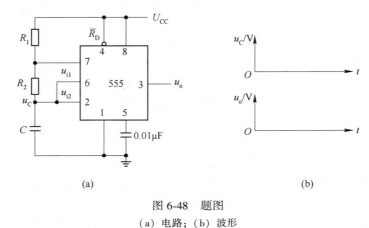

(a)　　　　　　　　　　　　　　(b)

图 6-48　题图

（a）电路；（b）波形

三、用施密特触发器构成多谐振荡器

施密特触发器最突出的特点是它的电压传输特性有一个滞回区，倘若能使施密特触发器的输入电压在 U_{T+} 和 U_{T-} 之间不停地往复变化，那么在输出端就可以得到矩形脉冲波。实现上述设想只要将施密特触发器的反相输出端经 RC 积分电路接回输入端即可，如图 6-49 所示。

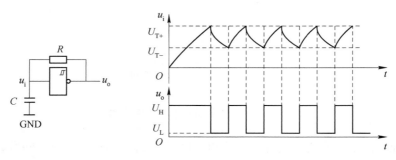

图 6-49　用施密特触发器构成的多谐振荡器及其电压波形

（1）接通电源瞬间，电容上的初始电压为零，即 $u_i = 0$，输出电压 u_o 为高电平，输出电压 u_o 经电阻 R 对电容 C 充电，u_i 上升。当电容充电使得输入端电压 u_i 达到正向阈值电压 U_{T+} 时，电路翻转，输出电压 u_o 跳变为低电平，电容 C 又经过电阻 R 开始放电。

（2）电容放电，u_i 下降。当 u_i 下降到负向阈值电压 U_{T-} 时，电路发生翻转，输出电压 u_o 跳变为高电平。如此反复，电路便形成振荡。

四、石英晶体多谐振荡器

在许多数字系统中，都要求时钟脉冲频率十分稳定，例如在数字钟表里，计数脉冲频率的稳定性直接决定着计时的精度。在上面介绍的多谐振荡器中，由于其工作频率取决于电容 C 充、放电过程中电压到达转换值的时间，因此稳定度不够高。这是因为：第一，转换电易受温度变化和电源波动的影响；第二，电路的工作方式易受干扰，从而使电路状态转换提前或滞后；第三，电路状态转换时，电容充、放电的过程已经比较缓慢，转换电平的微小变化或者干扰对振荡周期影响都比较大。在对振荡器频率稳定度要求很高的场合，一般都需要采取稳频措施，而目前最常用的一种方法，就是在多谐振荡器中接入石英晶体，构成石英晶体多谐振荡器。

图 6-50 所示为石英晶体的图形符号和电抗频率特性。由图 6-50 可看出，当外加电压的频率 $f=f_0$ 时，石英晶体的电抗 $X=0$，信号最容易通过，而在其他频率下电抗都很大，信号均被衰减掉。石英晶体不仅选频特性好，而且谐振频率也十分稳定。目前，具有各种谐振频率的石英晶体已被制成标准化和系列化的产品出售。

图 6-51 所示是一种典型的由双反相器构成的石英晶体振荡电路。电路中电阻 R 的作用是使两个反相器在静态时都能工作在转折区，使每一个反相器都成为具有很强放大能力的放大器。对 TTL 反相器，常取 $R=0.7 \sim 2k\Omega$，若是 CMOS 门则常取 $R=10 \sim 100M\Omega$。电路中，电容 C_1 用于两个反相器间的耦合，C_2 的作用是抑制高次谐波，以保证输出脉冲更加稳定。

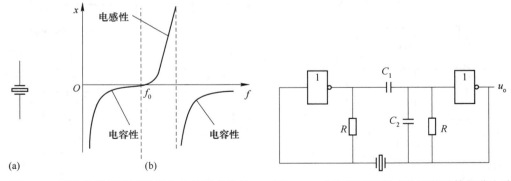

图 6-50　石英晶体的图形符号和电抗频率特性　　图 6-51　由双反相器构成的石英晶体振荡电路
（a）图形符号；（b）电抗频率特性

因为串联在两级放大器之间的石英晶体具有极好的选频特性，只有频率为 f_0 的信号才能通过，因此一旦接通电源，电路就会在频率 f_0 处形成自激振荡。因为石英晶体的谐振频率 f_0 仅决定于其体积、形状和材料，而与外接元件 R、C 无关，所以这种电路振荡频率的稳定度很高。实际使用时，常在图6-51所示电路的输出端再加一个反相器，以使输出脉冲更接近矩形波，还可以起到缓冲和隔离的作用。

能力提升

（1）由集成定时器555构成的施密特电路如图6-52（a）所示。要求：

1）求出 U_{T+}、U_{T-} 和 ΔU_T；

2）在图6-52（b）上，根据输入波形 u_i 画出其输出波形 u_o。

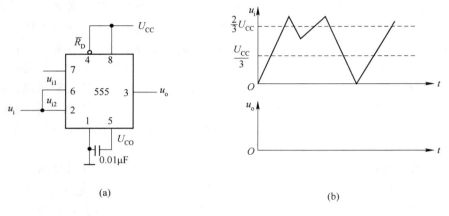

（a）

（b）

图6-52 （1）图

（a）电路；（b）波形

（2）由CMOS集成定时器555组成的电路如图6-53（a）所示。要求：

1）说明该电路实现的逻辑功能；

2）在图6-53（b）上画出电源合上后 u_C、u_o 的波形（设输入 u_i 低电平宽度足够窄）。

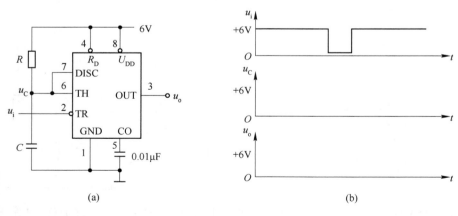

（a）

（b）

图6-53 （2）图

（a）电路；（b）波形

（3）由555定时器构成的可重复触发的单稳态触发器及其工作波形如图6-54所示，试分析其工作原理，并画出 u_o 的波形。

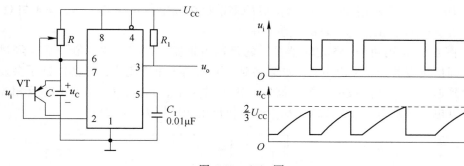

图 6-54　（3）图

（4）图 6-55 是由 555 定时器构成的开机延时电路，开关 S 为常闭开关。若已知电路参数 $C = 33\mu F$，$R = 59k\Omega$，$U_{CC} = 12V$。试分析其工作原理，并计算该电路的延时时间。

（5）74121 集成单稳态触发器的定时电路如图 6-56 所示。电路参数如下：电容 C 为 $1\mu F$，R 为 $5.1k\Omega$ 的电阻和 $20k\Omega$ 的电位器串联。试估算 t_w 的变化范围，并说明为什么使用电位器时要串联一个电阻？

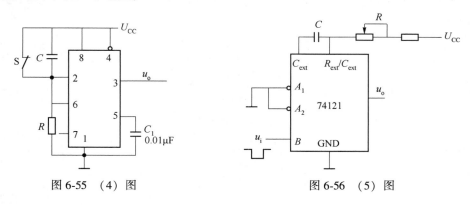

图 6-55　（4）图　　　　　　　图 6-56　（5）图

（6）如图 6-57 所示用 555 定时器接成的施密特触发器电路中，试求：

1）若 $U_{CC} = 9V$，且 CO 引脚没有外接控制电压，U_{T+}、U_{T-} 及 ΔU_T 各为多少；

2）若 $U_{CC} = 15V$，CO 引脚外接控制电压 $U_{CC} = 10V$，U_{T+}、U_{T-} 及 ΔU_T 各为多少。

（7）如图 6-58 所示用 555 定时器接成的延时电路中，已知 $C = 43\mu F$，$R = 51k\Omega$，$U_{CC} = 15V$，试计算常闭开关 S 断开以后经过多长时间 u_o 才跳变为高电平。

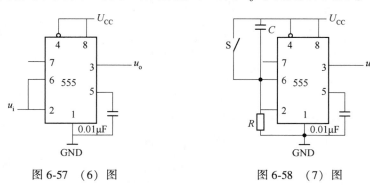

图 6-57　（6）图　　　　　　　图 6-58　（7）图

（8）如图6-59所示用555定时器接成的多谐振荡器电路中，若 $R_1 = R_2 = 4.7\text{k}\Omega$，$C = 0.01\mu\text{F}$，$U_{CC} = 15\text{V}$，试计算电路的振荡频率。

（9）图6-60是用两个555定时器接成的延迟报警器。常闭开关 S 断开后，经过一定的延迟时间后扬声器开始发出声音。如果在延迟时间内 S 重新闭合，则扬声器不会发出声音。试求延迟时间的具体数值和扬声器发出声音的频率。其中，G_1 是 CMOS 反相器，输出的高、低电平分别为 $U_{OH} \approx 122\text{V}$，$U_{OL} \approx 0$，供电电源电压 $U_{CC} = 12\text{V}$。

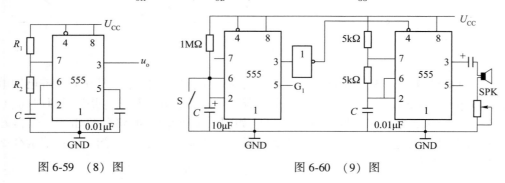

图6-59 （8）图　　　　　图6-60 （9）图

第七章 数/模转换和模/数转换

学习目标

（1）了解数/模转换的电路结构和工作原理。
（2）熟悉 DAC 的主要性能参数。
（3）了解模/数转换的电路结构和工作原理。
（4）熟悉 ADC 的主要性能参数。

本章导视

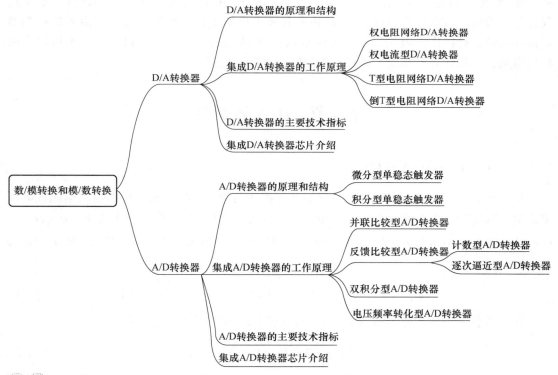

引言

  自然界中存在的大多是连续变化的物理量，如温度、时间、速度、流量、压力等，要用数字电路特别是用计算机来处理这些物理量，必须先把这些物理量转换成模拟量，然后将模拟量转换成计算机能够识别的数字量，经过计算机分析和处理后的数字量又需要转换成相应的模拟量，才能实现对受控对象的有效控制，这就需要一种能在模拟量与数字量之间起桥梁作用的电路——模/数和数/模转换电路。

能将模拟量转换为数字量的电路称为模/数转换器，简称 A/D 转换器或 ADC；能将数字量转换为模拟量的电路称为数/模转换器，简称 D/A 转换器或 DAC。

工控应用示意图如图 7-1 所示。

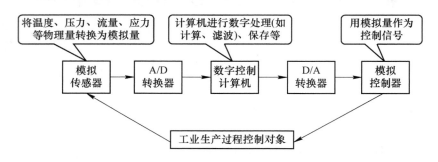

图 7-1　工控应用示意图

由图 7-1 可见，利用模拟传感器将温度、压力、流量、应力等物理量转换为模拟量；利用模/数转换器将其转换为数字量交由数字控制计算机进行数字处理（如计算、滤波）、保存等，输出的数字信号通过数/模转换器转换为模拟量作为控制信号，交由模拟控制器对被控对象进行操作。因此，A/D 转换器和 D/A 转换器已成为计算机系统中不可缺少的接口电路，是用计算机实现工业过程控制的重要接口电路。

第一节　D/A 转换器

一、D/A 转换器的原理和结构

D/A 转换器的任务是将输入的数字信号转换为与输入数字量成正比的输出电流或电压模拟量，其原理框图如图 7-2 所示。输入数字量是 n 位二进制数字信息 $D = (D_{n-1}D_{n-2}\cdots D_1D_0)_2$，其最低位（LSB）$D_0$ 和最高位（MSB）D_{n-1} 的权分别为 2^0 和 2^{n-1}，则 D 按权展开为

$$D = D_{n-1}2^{n-1} + D_{n-2}2^{n-2} + \cdots + D_1 2^1 + D_0 2^0 = \sum_{i=0}^{n-1} D_i \cdot 2^i \tag{7-1}$$

D/A 转换器的输出是与输入数字量成正比例关系的电压 u_o 或电流 i_o，即

$$u_o(\text{或} i_o) = \Delta \cdot D = \Delta \cdot \sum_{i=0}^{n-1} D_i \cdot 2^i \tag{7-2}$$

式中，Δ 是 D/A 转换器的转换比例系数，是 D/A 转换器能够输出的最小电压值（或电流值），不同型号的 D/A 转换器对应的 Δ 值也不同。Δ 等于 D 最低位为 1、其余各位均为 0 时的模拟输出电压（或电流），一般用 U_{LSB}（或 I_{LSB}）表示。

如图 7-2 所示的 D/A 转换器原理框图反映了输入数字量与输出模拟量的线性关系。这种线性对应关系可用图 7-3 表示，即当 $n = 3$ 时，D/A 转换器输出与输入对应的转换特性。

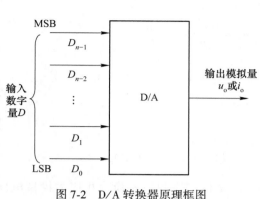

图 7-2 D/A 转换器原理框图

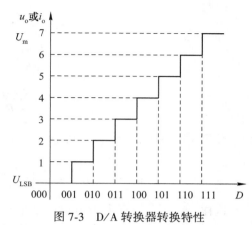

图 7-3 D/A 转换器转换特性

D/A 转换器按解码网络结构不同分为 T 形电阻网络 D/A 转换器、倒 T 形电阻网络 D/A 转换器、权电流型 D/A 转换器和权电阻网络 D/A 转换器等。

二、集成 D/A 转换器的工作原理

(一) 权电阻网络 D/A 转换器

权电阻网络 D/A 转换电路实质上是一种反相求和放大器，该电路用一个二进制的每一位产生一个与二进制的权成正比的电压，将这些电压加起来，可以得到与该二进制对应的模拟量电压信号。

图 7-4 所示为 4 位权电阻网络 D/A 转换器原理图，它由权电阻、模拟开关、反馈电阻和运算放大器组成。

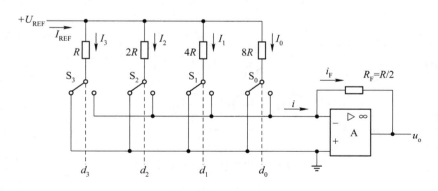

图 7-4 4 位权电阻网络 D/A 转换器原理图

由图 7-4 可知，无论模拟开关接到运算放大器的反相输入端（虚地）还是接到地，即无论输入数字信号是 1 还是 0，各支路的电流都不变，各电流大小为

$$I_0 = \frac{U_{REF}}{8R}, \quad I_1 = \frac{U_{REF}}{4R}, \quad I_2 = \frac{U_{REF}}{2R}, \quad I_3 = \frac{U_{REF}}{R}$$

因此

$$i = I_0 d_0 + I_1 d_1 + I_2 d_2 + I_3 d_3$$

$$= \frac{U_{REF}}{8R} d_0 + \frac{U_{REF}}{4R} d_1 + \frac{U_{REF}}{2R} d_2 + \frac{U_{REF}}{R} d_3$$

$$= \frac{U_{REF}}{2^3 \times R}(d_3 \times 2^3 + d_2 \times 2^2 + d_1 \times 2^1 + d_0 \times 2^0)$$

设定反馈电阻 $R_F = \dfrac{R}{2}$ ，则

$$u_o = - R_F i_F = - \frac{R}{2} i = \frac{U_{REF}}{2^4}(d_3 2^3 + d_2 2^2 + d_1 2^1 + d_0 2^0)$$

这样，就可以根据参考电压的数值，将输入的 4 位二进制数转换为相应的模拟电压值。选用不同的权电阻网络，就可以得到不同编码数的 D/A 转换器。

但当输入的二进制数倍数较多时，权电阻的阻值差距增大，这样会给生产带来困难且影响精度，因此 D/A 转换器一般不采用这种转换方式。

（二）权电流型 D/A 转换器

为克服模拟开关的导通电阻对 D/A 转换器转换精度的影响，可采用权电流型 D/A 转换器。图 7-5 所示为 4 位权电流型 D/A 转换器，与倒 T 形电阻网络 D/A 转换器相比，其主要差别表现在两个方面：一是采用恒定电流源，使注入各支路的电流为恒定值；二是模拟开关用电流开关，这种开关工作在放大状态，而不是工作在饱和状态，从而减小了开关转换的延迟时间，提高了工作速度。

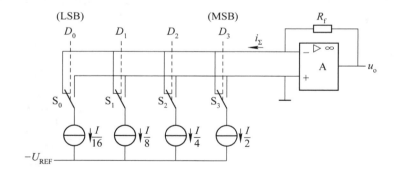

图 7-5　4 位权电流型 D/A 转换器

图 7-5 中，用一组恒流源代替了倒 T 形电阻网络 D/A 转换器中的电阻网络，恒流源从高位到低位电流的大小依次为 $\dfrac{I}{2}$、$\dfrac{I}{4}$、$\dfrac{I}{8}$、$\dfrac{I}{16}$。

模拟开关 S_3、S_2、S_1、S_0 的状态分别由 4 位输入信号 D_3、D_2、D_1、D_0 控制，当 $D_i = 0$ 时，开关 S_i 接地；当 $D_i = 1$ 时，开关 S_i 接运算放大器的反相输入端，相应的权电流流入求和电路。分析电路可得

$$u_o = i_\Sigma R_f = R_f\left(\frac{I}{2}D_3 + \frac{I}{4}D_2 + \frac{I}{8}D_1 + \frac{I}{16}D_0\right)$$

$$= \frac{I}{2^4}R_f(D_3 \times 2^3 + D_2 \times 2^2 + D_1 \times 2^1 + D_0 \times 2^0) \tag{7-3}$$

$$= \frac{I}{2^4}R_f\sum_{i=0}^{3}(D_i \times 2^i)$$

对于权电流型 D/A 转换器，各支路上权电流的大小不受开关导通电阻和电压的影响，因而减少了转换误差，提高了转换精度。

（三）T 形电阻网络 D/A 转换器

4 位 T 形电阻网络 D/A 转换器如图 7-6 所示，它主要由 T 形电阻网络、模拟开关、电流求和放大器和基准电压四部分组成。

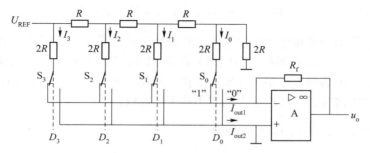

图 7-6　T 形电阻网络 D/A 转换器

T 形电阻网络由若干个阻值为 R 和 $2R$ 的电阻组成。

模拟开关 S_3、S_2、S_1、S_0 的状态分别由 4 位输入信号 D_3、D_2、D_1、D_0 控制，当 $D_i = 0$ 时，S_i 接地；当 $D_i = 1$ 时，S_i 接运算放大器的反相输入端。

运算放大器构成电流求和放大器，它对各位输入数字信号所对应的电流求和，并转换成相应的输出模拟电压 u_o。

基准电压 U_{REF} 一般由稳压电路提供，以获得高精度、高稳定性的电压。

运算放大器采用反相输入方式，反相输入端为"虚地"，因此无论模拟开关接在什么位置，与 S_i 相连的 $2R$ 电阻从效果上看总是"接地"的，流经每条 $2R$ 电阻支路上的电流与模拟开关的状态无关。

由此可知，整个电阻网络的等效电阻为 R，总电流 $I = \dfrac{U_{REF}}{R}$。流过各开关支路的电流分别为

$$I_3 = \frac{I}{2} = \frac{I}{2^4} \times 2^3, \ I_2 = \frac{I}{2^2} = \frac{I}{2^4} \times 2^2, \ I_1 = \frac{I}{2^3} = \frac{I}{2^4} \times 2^1, \ I_0 = \frac{I}{2^4} = \frac{I}{2^4} \times 2^0$$

对于输入一个任意 4 位二进制数 $D_3D_2D_1D_0$，流过 R_f 的电流 I_{out1} 为

$$I_{out1} = \frac{1}{2^4}(D_3 \times 2^3 + D_2 \times 2^2 + D_1 \times 2^1 + D_0 \times 2^0) \tag{7-4}$$

运算放大器输出电压 u_o 为

$$u_o = -R_f I_{out1} = -\frac{R_f I}{2^4}(D_3 \times 2^3 + D_2 \times 2^2 + D_1 \times 2^1 + D_0 \times 2^0)$$

$$= -\frac{U_{REF}R_f}{2^4 R}(D_3 \times 2^3 + D_2 \times 2^2 + D_1 \times 2^1 + D_0 \times 2^0)$$

$$= -\frac{U_{REF}R_f}{2^4 R}\left[\sum_{i=0}^{3}(D_i \times 2^i)\right]$$

依此类推，n 位 D/A 转换器的输出电压为

$$u_o = -\frac{U_{REF}R_f}{2^n R}(D_{n-1} \times 2^{n-1} + D_{n-2} \times 2^{n-2} + \cdots + D_1 \times 2^1 + D_0 \times 2^0)$$

$$= -\frac{U_{REF}R_f}{2^n R}\left[\sum_{i=0}^{n-1}(D_i \times 2^i)\right] \tag{7-5}$$

式中，$\dfrac{U_{REF}R_f}{2^n R}$ 为常数；D_{n-1}、D_{n-2}、$\cdots$、D_1、D_0 为 n 位二进制数。

由此可见，输出的模拟电压与输入的二进制数字信号成正比，实现了 D/A 转换。

T 形电阻网络 D/A 转换器的电阻网络只需 R 和 $2R$ 两种电阻，因此比较容易保证电阻网络的转换精度，但当输入数字信号发生变化，使模拟开关变换接通方向时，流过模拟开关的电流方向发生改变，容易产生毛刺和影响工作速度。

（四）倒 T 形电阻网络 D/A 转换器

如图 7-7 所示为 4 位倒 T 形电阻网络 D/A 转换器的电路原理图，它由基准电压 U_{REF}、4 个模拟开关、倒 T 形电阻网络和 1 个求和放大器组成。

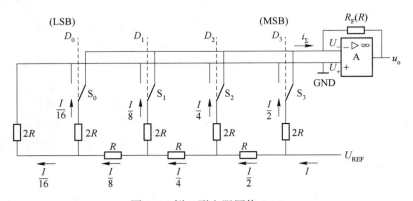

图 7-7　倒 T 形电阻网络 DAC

4 个模拟开关 S_0、S_1、S_2 和 S_3 分别受 D_0、D_1、D_2 和 D_3 的取值控制。当取值为 1 时，开关接到运算放大器的反相输入端 U_-；当取值为 0 时，开关接到运算放大器的正相输入端 U_+。观察电路，由于运算放大器具有"虚断"的特性，即认为 $U_- \approx U_+ \approx 0$，那么电阻网络上的电流分布与开关所处位置无关，流经每个支路的电流是固定值，如图 7-7 中标注。根据运算放大器的"虚断"特性，如果开关接到 U_+，相应支路的电流全部流入电源地；如果开关接到 U_-，相应支路的电流全部经跨接在运算放大器上的电阻 R_F 流到放大器

输出端 u_o。那么，可得

$$u_o = -i_\Sigma R_F = -\left(\frac{I}{2}D_3 + \frac{I}{4}D_2 + \frac{I}{8}D_1 + \frac{I}{16}D_0\right) \cdot R_F \tag{7-6}$$

观察图 7-7 中的倒 T 形电阻网络，它的等效电路如图 7-8 所示。从 A 点向左观察，其电路为两个 $2R$ 电阻并联，等效电阻为 R；再从 B 点向左观察，A 点的等效电阻 R 与底部支路的电阻 R 串联得到 $2R$，然后再与向上支路电阻 $2R$ 并联，所以等效电阻也为 R；从 C 点向左观察，从 D 点向左观察，等效电阻均为 R。这就是倒 T 形电阻网络的特点。所以，可得 $I = \dfrac{U_{REF}}{R}$，且各支路的电流依次为 $\dfrac{I}{2}$、$\dfrac{I}{4}$、$\dfrac{I}{8}$ 和 $\dfrac{I}{16}$。

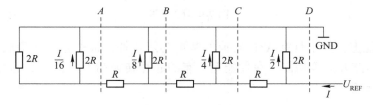

图 7-8　倒 T 形电阻网络的等效电路

在求和放大器的反馈电阻 $R_F = R$ 时，4 位倒 T 形电阻网络 D/A 转换器的输出电压为

$$u_o = -\frac{U_{REF}}{R}\left(\frac{1}{2}D_3 + \frac{1}{4}D_2 + \frac{1}{8}D_1 + \frac{1}{16}D_0\right) \cdot R$$
$$= -\frac{U_{REF}}{2^4} \cdot (D_3 \times 2^3 + D_2 \times 2^2 + D_1 \times 2^1 + D_0 \times 2^0) \tag{7-7}$$

对于 n 位倒 T 形电阻网络 D/A 转换器，当反馈电阻 $R_F = R$ 时，输出模拟电压为

$$u_o = -\frac{U_{REF}}{2^n} \cdot (D_{n-1}2^{n-1} + D_{n-2}2^{n-2} + \cdots + D_1 2^1 + D_0 2^0)$$
$$= -\frac{U_{REF}}{2^n} \cdot \sum_{i=0}^{n-1} D_i 2^i = -\frac{U_{REF}}{2^n} \cdot D \tag{7-8}$$

倒 T 形电阻网络 D/A 转换器的输出电压计算公式与权电阻网络 D/A 转换器的输出电压计算公式具有相同的形式。但倒 T 形电阻网络用到的电阻种类少，只有 R 和 $2R$ 两种。因此，它可以提高制作精度，而且在动态转换过程中对输出不易产生尖峰脉冲干扰，有效减少了动态误差，提高了转换速度。倒 T 形电阻网络 D/A 转换器是目前转换速度较高且使用较多的一种。

基础夯实

（1）一个 8 位的 T 形电阻网络 D/A 转换器，$R_f = 3R$，$D_7 \sim D_0$ 为 11111111 时的输出电压 $u_o = 5V$，则 $D_7 \sim D_0$ 分别为 10101100、00000001 时的输出电压 u_o 各为多少？

（2）倒 T 形电阻网络 D/A 转换器，请按下列要求完成题目：

1）若 $R_f = R$，$U_{REF} = 5V$，$D_3 \sim D_0 = 1100$，求 u_o；

2）求电路的分辨率。

（3）在如图 7-9 所示的权电阻网络 D/A 转换器，如果 $U_{REF} = 5V$，试求当输入数字量为 1001 时输出电压的大小。

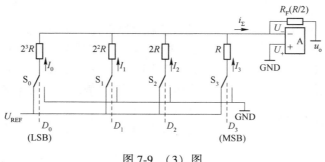

图 7-9　（3）图

（4）在功能上，除了具有 A/D 转换的基本功能之外，很多芯片还集成了放大器、三态输出锁存器多路开关等功能。在性能上，有的芯片转换精度高，有的芯片转换速度快，有的芯片价格低廉。

三、D/A 转换器的主要技术指标

（一）分辨率

分辨率用输入二进制数码的有效位数给出。在分辨率为 n 位的 D/A 转换器中，输出模拟电压的大小能区分输入代码从 00…00 到 11…11 的全部 2^n 个不同状态，能给出 2^n 个不同等级的输出模拟电压。

另外，分辨率也可以用 D/A 转换器电路能够分辨出来的最小输出电压与最大输出电压之比表示。所谓"能够分辨出来的最小输出电压"是指在输入的二进制数码只有最低有效位为 1，其余各位均为 0 时，D/A 转换器输出的电压 U_{LSB}。所谓"最大输出电压"是指在输入的二进制数码所有个位全是 1 时，D/A 转换器输出的电压，也就是满刻度输出电压 U_m。设 D/A 转换器的 $U_{LSB} = 1 \cdot \Delta$，$U_m = (2^n - 1) \cdot \Delta$，所以 D/A 转换器的分辨率表示为

$$分辨率 = \frac{U_{LSB}}{U_m} = \frac{1 \cdot \Delta}{(2^n - 1) \cdot \Delta} = \frac{1}{2^n - 1} \tag{7-9}$$

可见，D/A 转换器的最大输出模拟电压 U_m 一定时，输入二进制数码的位数 n 越大，U_{LSB} 越小，分辨能力越高。例如，10 位 D/A 转换器的分辨率可以表示为

$$分辨率 = \frac{1}{2^{10} - 1} = \frac{1}{1023} \approx 0.001$$

如果已知 D/A 转换器的分辨率及满刻度输出电压 U_m，则可以求出该 D/A 转换器的 U_{LSB}。例如，当 $U_m = 10V$，$n = 10$ 时，该 D/A 转换器的 $U_{LSB} = 10V \times 0.001 = 10mV$；而当 $U_m = 10V$，$n = 12$ 时，该 D/A 转换器的 $U_{LSB} = 10V \times \frac{1}{2^{12} - 1} \approx 2.5mV$。

（二）转换精度

转换精度用转换误差和相对精度描述。

（1）转换误差：指 D/A 转换器的实际误差，是由于参考电压偏离标准值、运算放大

器零点漂移、模拟开关存在压降及电阻阻值偏差等原因引起的误差。转换误差通常以输出电压满刻度（FSR）的百分数来表示，也可以用最低位（LSB）的倍数表示。例如，0.2% FSR 表示转换误差与满量程输出电压之比为 0.2%；$\frac{1}{2}$ LSB 表示转换误差为最小输出电压的 $\frac{1}{2}$。

（2）相对精度：指在满刻度已校准的情况下，在整个刻度范围内，对于任一数码的模拟量输出与其理论值之差。相对精度有两种方法表示：一种是用数字量最低有效位的位数 LSB 表示，另一种是用该偏差相对满刻度值的百分比表示。

例如，设 D/A 转换器的精度为 $\pm 0.1\%$，满量程电压 $U_m = 10V$，则该 D/A 转换器的最大线性误差电压为

$$\Delta u = \pm 0.1\% \times 10V = \pm 10mV$$

对于 n 位 D/A 转换器，精度为 $\pm \frac{1}{2}$ LSB，其最大线性误差电压

$$\Delta u = \pm \frac{1}{2} \times \frac{1}{2^n} U_m = \pm \frac{1}{2^{n+1}} U_m \tag{7-10}$$

转换精度和分辨率是两个不同的概念，即使 D/A 转换器的分辨率很高，但由于电路的稳定性不好等原因，也可使电路的转换精度不高。

（三）转换速度

D/A 转换器从输入二进制数字信号到转换为模拟电压或电流输出，需要经历一定的时间，这称为转换速度。不同类型 D/A 转换器的转换速度是不同的，一般在几十微秒到几百微秒。

（四）线性度

通常用非线性误差的大小表示 D/A 转换器的线性度。产生非线性误差有两种原因：一是各位模拟开关的压降不一定相等，而且接 U_{REF} 和接地时的压降也未必相等；二是各个电阻阻值的偏差不可能做到完全相等，而且不同位置上的电阻阻值的偏差对输出模拟电压的影响也不一样。

（五）温度系数

温度系数是指在输入确定的情况下，输出模拟电压值随温度变化而产生的变化量。常用满刻度输出条件下温度每升高 14℃，输出模拟电压变化的百分数作为温度系数。

思维延展

在信号转换过程中需要特别注意哪些问题？

四、集成 D/A 转换器芯片介绍

在基本电路结构基础上，附加一些控制电路，就构成了集成 D/A 转换器。集成 D/A 转换器种类很多，功能各异，根据输入位数分为 8 位、10 位、12 位和 16 位；根据数据传

输方式可分为并行输入和串行输入；还可分为内部带锁存器和内部不带锁存器的，常用的内部带锁存器的 D/A 转换器有 DAC0832、AD7524 等，内部不带锁存器的有 DAC08、AD7521 等。本书只简单介绍经典的 DAC0832。

（一）DAC0832 的电路构成

DAC0832 是由 NSC（美国国家半导体公司）生产的集成 8 位 D/A 转换器，以其接口简单、转换控制容易、转换速度快、价格低廉等优点得到广泛应用。

图 7-10（a）、（b）分别是 DAC0832 的原理框图和引脚图，由图可以看出 DAC0832 是由 8 位输入锁存器、8 位 DAC 锁存器、8 位 D/A 转换器和转换控制电路构成。

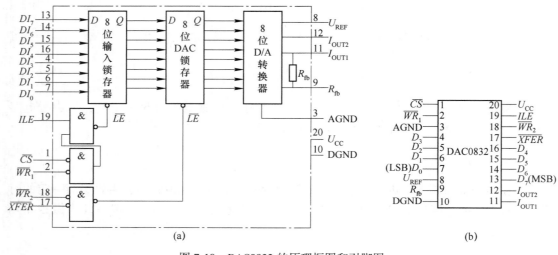

(a)

(b)

图 7-10 DAC0832 的原理框图和引脚图

（a）DAC0832 原理框图；（b）DAC0832 引脚图

（二）DAC0832 的主要性能指标

（1）单电源供电：5~15V。

（2）基准电压：±10V。

（3）工作温度：−40~85℃。

（4）输入：TTL 电平。

（5）分辨率：8 位。

（6）建立时间：1μs。

（7）功耗：20mW。

（三）DAC0832 的引脚功能

（1）ILE：允许输入锁存信号，高电平有效。

（2）$\overline{LE}$：锁存器命令。

当 $\overline{LE}=1$ 时，锁存器的输出状态随着输入数据的状态变化。

当 $\overline{LE}=0$ 时，锁存器处于锁存状态，数据保持不变。

（3）$\overline{CS}$：片选信号，低电平有效，它与 ILE 结合控制 $\overline{WR_1}$ 是否起作用。

（4）$\overline{XFER}$：传送控制信号，低电平有效，控制 $\overline{WR_2}$ 是否起作用。

（5）$\overline{WR_1}$：锁存器的写选通信号，低电平有效，在 $\overline{CS}$ 和 ILE 有效的情况下，将数字量输入并锁存于输入寄存器中。

（6）$\overline{WR_2}$：DAC 锁存器的写信号，低电平有效，在 $\overline{XFER}$ 有效的情况下，将锁存在输入寄存器的数字量传送到 DAC 寄存器中锁存。

（7）$DI_0 \sim DI_7$：8 位数据输入线，DI_0 位为低位。

（8）U_{REF}：基准电压。

（9）I_{OUT1}：电流输出 1，它是 DAC 寄存器中逻辑电平为 1 的各输出电流之和，当 DAC 寄存器输入全为 1 时，输出电流最大；全为 0 时，输出电流最小。

（10）I_{OUT2}：电流输出 2，它是 DAC 寄存器中逻辑电平为 0 的各输出电流之和，当 DAC 寄存器输入全为 0 时，输出电流最大；全为 1 时，输出电流最小。I_{OUT2} 与 I_{OUT1} 电流互补输出，即 I_{OUT1} 和 I_{OUT2} 的和为常数。

（11）R_{fb}：反馈电阻连接端，反馈电阻在集成电路内部，故可以直接与外接运算放大器相连。

（12）U_{CC}：电源电压输入端。

（13）AGND：模拟地，模拟信号接地端。

（14）DGND：数字地，数字信号接地端。

（四）DAC0832 的工作原理

（1）当 ILE、$\overline{CS}$ 和 $\overline{WR_1}$，有效时，若输入寄存器的 $\overline{LE}=1$，处于直通状态，即输入寄存器中的数据随着输入状态变化；若输入寄存器的 $\overline{LE}=0$，处于锁存状态，数据在寄存器中保持不变，并没有转换。

（2）当 $\overline{XFER}$ 和 $\overline{WR_2}$ 有效时，若 DAC 寄存器的 $\overline{LE}=1$，DAC 寄存器处于直通状态，输入寄存器中的数据送到 DAC 寄存器并输出；若 $\overline{LE}=0$，则将数据锁存在 DAC 寄存器中并开始转换。

DAC0832 的 D/A 转换电路如图 7-11 所示。

根据 $I = \dfrac{U_{REF}}{R}$

可以得到

$$I_{OUT1} = \frac{1}{2^8}\frac{U_{REF}}{R}\sum_{i=0}^{7}(D_i \times 2^i)$$

经运算放大器的输出电压为

$$U_o = -I_{OUT1} \times R_{fb} = -\frac{1}{2^8}\frac{U_{REF}}{R}R_{fb}\sum_{i=0}^{7}(D_i \times 2^i)$$

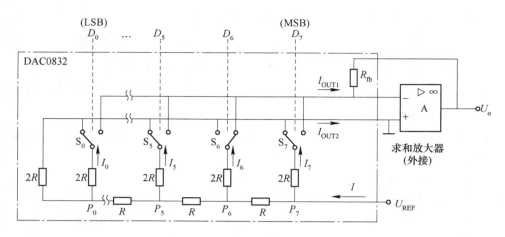

图 7-11 DAC0832 的 D/A 转换电路

通常取 $R = R_{fb}$，所以

$$U_o = -\frac{U_{REF}}{2^8} \sum_{i=0}^{7} (D_i \times 2^i)$$

根据输入寄存器和 DAC 寄存器的工作状态不同，DAC0832 有直通工作方式、单缓冲工作方式和双缓冲工作方式。

（五）DAC0832 的输出方式

DAC0832 的输出是电流型的，不能直接带负载，所以需要在输出端使用运算放大器，将输出电流转换成电压输出。根据 DAC0832 和运放的连接方式不同，分为单极性输出和双极性输出。图 7-12 所示为 DAC0832 构成的单极性 D/A 转换器。

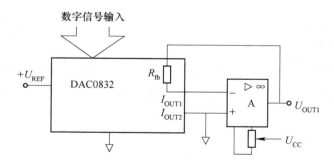

图 7-12 DAC0832 构成的单极性 D/A 转换器

单极性 D/A 转换器的输入都是无符号二进制数，只代表数字信号的幅度，输出模拟信号的极性只取决于基准电压的极性，也都是非正即负的单极性信号。但在实际工作中经常需要处理一些双极性信号，即 D/A 转换器不仅能使模拟信号与数字信号在幅度上成正比，还要能够判别数字信号的极性，使模拟信号与数字信号在极性上一致。图 7-13 所示为 DAC0832 构成的双极性 D/A 转换器。

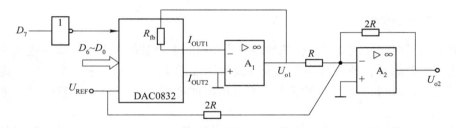

图 7-13 DAC0832 构成的双极性 D/A 转换器

运算放大器 A_1 构成反相比例电路，其输出电压为

$$U_{OUT1} = - I_{OUT1} \times R_{fb}$$

$$U_{OUT1} = - \frac{U_{REF}}{2^8} \sum_{i=0}^{7} (D_i \times 2^i)$$

运算放大器 A_2 构成反相加法电路，其输出电压为

$$U_{OUT2} = - \left(\frac{U_{REF}}{2R} + \frac{U_{o1}}{R} \right) \times 2R$$

将 U_{o1} 代入得

$$U_{OUT2} = - U_{REF} + \frac{U_{REF}}{2^7} \sum_{i=0}^{7} (D_i \times 2^i)$$

第二节 A/D 转换器

一、A/D 转换器的原理和结构

（一）基本原理

在 A/D 转换中，因为输入的模拟信号在时间上是连续的，而输出的数字信号是离散量，所以进行转换时只能按一定的时间间隔对输入的模拟信号进行采样，然后再把采样值转换为输出的数字量。通常 A/D 转换需要经过采样、保持、量化、编码 4 个步骤，如图 7-14 所示。

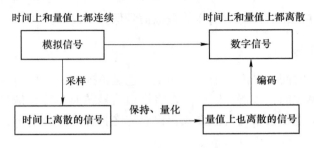

图 7-14 A/D 转换过程框图

这个过程也可将采样、保持合为一步，量化、编码合为一步，即用两大步来完成。

（二）采样和保持

采样是将随时间连续变化的模拟量转换为在时间上离散的模拟量，即对连续变化的模拟信号进行定时测量，抽取其样值，采样波形图如图 7-15 所示。采样结束后，再将此采样信号保持一段时间，使 A/D 转换器有充分的时间进行 A/D 转换。采样—保持电路就是用来完成该任务的。

采样脉冲的频率越高，采样越密，采样值就越多，其采样—保持电路的输出信号就越接近于输入信号的波形。因此，对采样频率就有一定的要求，必须满足采样定理。

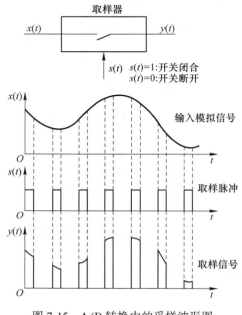

图 7-15　A/D 转换中的采样波形图

采样定理为，设取样脉冲 $s(t)$ 的频率为 f_s，输入模拟信号 $x(t)$ 的最高频率分量的频率为 f_{max}，必须满足 $f_s \geq 2f_{max}$，$y(t)$ 才可以正确地反映输入信号（从而能不失真地恢复原模拟信号）。

采得模拟信号和转换为数字信号都需要一定时间，为了给后续的量化编码过程提供一个稳定的值，在取样电路后要将所采样的模拟信号保持一段时间。

（三）量化和编码

由于数字信号在时间上是离散的，在幅值上也是不连续的，任何一个数字信号的大小都是某个最小数量单位的整数倍，因此，在将模拟信号转换为数字信号的过程中，必须将取样保持电路的输出电压按某种近似方式转化成与之相应的离散电平，这一转化过程称为量化。

量化过程中的最小数量单位即输出的二进制数字信号最低位的 1 所代表模拟信号的大小称为量化单位，用 Δ 表示。由于要转换的模拟信号不一定是 Δ 的整数倍，因此量化过程只能采用近似的方法。近似的方法有两种：一种是舍尾取整法；另一种是四舍五入法。

舍尾取整法的量化方式是：输入电压 u_i 介于两个相邻量化值之间时，输出结果取较低量化值，即 $(n-1)\Delta \leqslant u_i < n\Delta$ 时，输出结果等于 $(n-1)\Delta$ 对应的数字量。四舍五入的量化方式是：输入电压 u_i 介于两个相邻量化值之间时，若 $(n-1)\Delta \leqslant u_i < \left(n-\dfrac{1}{2}\right)\Delta$ 时，输出结果等于 $(n-1)\Delta$ 对应的数字量，若 $\left(n-\dfrac{1}{2}\right)\Delta \leqslant u_i < n\Delta$ 时，输出结果等于 $n\Delta$ 对应的数字量。这样，在量化过程中就不可避免地引起量化误差，用 ε 表示。采用不同的量化方式产生的最大量化误差 ε_{max} 是不一样的，舍尾取整法的最大量化误差 $\varepsilon_{max} = 1\text{LSB}$，四舍五入法的最大量化误差 $|\varepsilon_{max}| = \dfrac{1}{2}\text{LSB}$。

例如，要将电压范围在 $0 \sim 1\text{V}$ 的模拟信号转换成 3 位二进制代码。采用舍尾取整法的量化时，量化单位取 $\dfrac{1}{8}\text{V}$。如图 7-16（a）所示，当模拟信号电压在 $0 \sim \dfrac{1}{8}\text{V}$ 时，输出数字量为 000（即 0Δ）；当模拟信号电压在 $\dfrac{1}{8} \sim \dfrac{2}{8}\text{V}$ 时，输出数字量为 001（即 1Δ）；当模拟信号电压在 $\dfrac{2}{8} \sim \dfrac{3}{8}\text{V}$ 时，输出数字量为 010（即 2Δ）；从图 7-16（a）中可以看出，这种方式的最大量化误差为 $\dfrac{1}{8}\text{V}$，即 1LSB。采用四舍五入的量化方法时，量化单位为 $\dfrac{2}{15}\text{V}$。如图 7-16（b）所示，当模拟信号电压在 $0 \sim \dfrac{1}{15}\text{V}$ 时，输出数字量为 000（即 0Δ）；当模拟信号电压在 $\dfrac{3}{15} \sim \dfrac{5}{15}\text{V}$ 时，输出数字量为 001（即 1Δ）；当模拟信号电压在 $\dfrac{3}{15} \sim \dfrac{5}{15}\text{V}$ 时，输出数字量为 010（即 2Δ）；从图 7-16（b）中可以看出，这种方式的最大量化误差为 $\pm\dfrac{1}{15}\text{V}$，即 $\pm\dfrac{1}{12}\text{LSB}$。

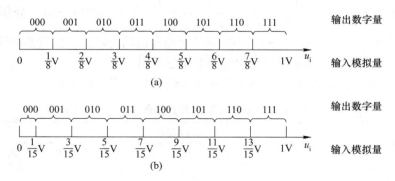

图 7-16　量化的两种不同方法
（a）舍尾取整法；（b）四舍五入法

量化后的数值经过编码过程，最后用一个二进制代码表示，这个二进制代码就是 A/D 转换器输出的数字信号。显然，量化与编码是在 A/D 转换器中完成的。

二、集成 A/D 转换器的工作原理

(一) 并联比较型 A/D 转换器

图 7-17 所示为 3 位二进制数并联比较型 A/D 转换器。它由分压器、比较器、寄存器和编码器组成。

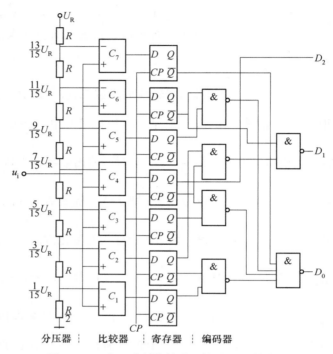

图 7-17   3 位二进制数并联比较型 A/D 转换器

分压器将基准电压分为 $\dfrac{U_R}{15}$、$\dfrac{3U_R}{15}$、$\dfrac{5U_R}{15}$、$\cdots$、$\dfrac{13U_R}{15}$ 不同的电压值，分别作为比较器 $C_1 \sim C_7$ 的参考电压。输入电压 v_i 的大小决定各比较器的输出状态。比较器的输出状态由寄存器（D 触发器）存储，经编码器编码得到数字量输出。

3 位二进制并联比较型 A/D 转换器的输入与输出的关系见表 7-1。

表 7-1   3 位二进制并联比较型 A/D 转换器的输入与输出的关系

模拟输入	比较器输出							数字输出		
	C_7	C_6	C_5	C_4	C_3	C_2	C_1	D_2	D_1	D_0
$0 \leqslant u_i < U_R/15$	0	0	0	0	0	0	0	0	0	0
$U_R/15 \leqslant u_i < 3U_R/15$	0	0	0	0	0	0	1	0	0	1
$3U_R/15 \leqslant u_i < 5U_R/15$	0	0	0	0	0	1	1	0	1	0
$5U_R/15 \leqslant u_i < 7U_R/15$	0	0	0	0	1	1	1	0	1	1
$7U_R/15 \leqslant u_i < 9U_R/15$	0	0	0	1	1	1	1	1	0	0

续表 7-1

模拟输入	比较器输出							数字输出		
	C_7	C_6	C_5	C_4	C_3	C_2	C_1	D_2	D_1	D_0
$9U_R/15 \leq u_i < 11U_R/15$	0	0	1	1	1	1	1	1	0	1
$11U_R/15 \leq u_i < 13U_R/15$	0	1	1	1	1	1	1	1	1	0
$13U_R/15 \leq u_i < U_R$	1	1	1	1	1	1	1	1	1	1

在并联比较型 A/D 转换器中，输入电压 u_i 同时加到所有比较器的输入端，从 u_i 加入，到稳定输出数字量，所经历的时间为比较器、D 触发器和编码器延迟时间的总和。如果不考虑各器件的延时，可以认为输出数字量是与 u_i 输入时刻同时获得的，所以，因并联比较型 A/D 转换器具有最短的转换时间。但也可以看到，若要提高分辨率，就要增加位数 n，一个 n 位的转换器，需用 2^{n-1} 个比较器和触发器，随着位数的增加，电路复杂程度也增加，所以对于分辨率很高的并联比较型 A/D 转换器，集成电路工艺指标的要求也很高。

（二）反馈比较型 A/D 转换器

反馈比较型 A/D 转换器的基本工作思路是：取一个数字量送到 D/A 转换器上，将 D/A 转换器输出的模拟电压与输入的模拟电压信号进行比较，如果两者不相等，则调整所取的数字量，直到两个模拟电压相等为止，那么此时所取的数字量就是模拟输入电压信号的转换结果。

在反馈比较型 A/D 转换器中经常采用的有计数型 A/D 转换器和逐次逼近型 A/D 转换器两种方案。

1. 计数型 A/D 转换器

计数型 A/D 转换器由电压比较器 D/A 转换器计数器、时钟脉冲源、控制门和输出寄存器等部分组成，它的工作原理框图如图 7-18 所示。

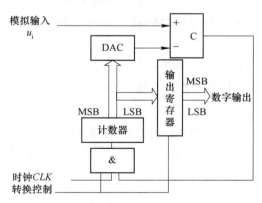

图 7-18　计数型 DAC 原理框图

转换开始前先将计数器复位，然后启动转换。此时，计数器输出为 0，D/A 转换器输出模拟电压为 0，如果输入模拟电压 $u_i > 0$，则电压比较器输出高电平，时钟 *CLK* 经过与门进入计数器，计数器进行加法计数。随着计数器数值增加 D/A 转换器输出模拟电压也增加，当 D/A 转换器输出模拟电压等于或大于 u_i 时，电压比较器输出低电平，与门被封锁，计数器停止计数，相应的计数值就是所求的输入模拟电压 u_i 对应的输出数字信号。计数型 A/D 转换器的缺点是转换时间太长，当输出 n 位二进制代码时，最长转换时间可达到 2^n-1 倍的时钟周期。

2. 逐次逼近型 A/D 转换器

相较于计数型 A/D 转换器，逐次逼近型 A/D 转换器明显降低了转换时间，它由电压比较器 D/A 转换器、逐次逼近寄存器、控制逻辑和时钟脉冲源等部分组成，工作原理框图如图 7-19 所示。

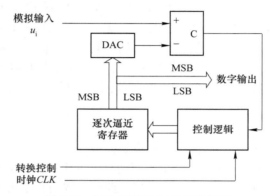

图 7-19　逐次逼近型 DAC 原理框图

转换开始前先将逐次逼近寄存器清 0，此时 D/A 转换器输出模拟电压为 0。启动转换，控制逻辑将寄存器最高位置 1，即寄存器输出 $10\cdots00$ D/A 转换器输出模拟电压值 u_o，如果输入模拟电压 $u_i < u_o$，则电压比较器输出低电平，控制逻辑使寄存器最高位清 0、次高位置 1，即寄存器输出 $01\cdots00$；如果输入模拟电压 $u_i > u_o$，则电压比较器输出高电平，控制逻辑使寄存器最高位保持、次高位置 1，即寄存器输出 $11\cdots00$。如此逐次比较下去，直至最低位，则逐次逼近寄存器所存的数码就是所求的输入模拟电压 u_i 对应的输出数字信号。

逐次逼近型 A/D 转换器的逐次比较过程如同用天平去称一个未知质量的物体时所进行的操作一样。例如，用 4 个质量分别为 8g、4g、2g、1g 的砝码称量一个质量是 11g 的物体，称量的过程见表 7-2。

表 7-2　逐次逼近称重示例

顺序	砝码重量	比较判断	该砝码是否保留
1	8g	8g<11g	保留
2	8g+4g	12g>11g	不保留
3	8g+2g	10g<11g	保留
4	8g+2g+1g	11g=11g	保留

逐次逼近型 A/D 转换器完成一次转换所需的时间是（$n+2$）倍的时钟周期，n 是输出数字代码的位数。例如，一个输出为 10 位的逐次逼近型 A/D 转换器完成一次转换需要 12

个时钟周期。与并联比较型 A/D 转换器相比，逐次逼近型 A/D 转换器的转换时间要长一点，但其电路规模要小得多。与计数型 A/D 转换器相比，逐次逼近型 A/D 转换器的转换时间则要短得多。因此，逐次逼近型 A/D 转换器是目前集成 A/D 转换器产品中使用最多的一种电路。

基础夯实

（1）如果将并联比较型 A/D 转换器的输出数字量增至 8 位，并采用如图 7-20 所示的量化电平划分方法，试求最大量化误差是多少。

输入信号	量化电平	二进制代码
1V		
(13/15)V	$7\Delta=(14/15)V$	111
(11/15)V	$6\Delta=(12/15)V$	110
(9/15)V	$5\Delta=(10/15)V$	101
(7/15)V	$4\Delta=(8/15)V$	100
(5/15)V	$3\Delta=(6/15)V$	011
(3/15)V	$2\Delta=(4/15)V$	010
(1/15)V	$1\Delta=(2/15)V$	001
0	$0\Delta=0V$	000

图 7-20 （1）图

（2）一个 4 位逐次逼近型 A/D 转换器电路，其 4 位 D/A 输出波形 u_o 与输入电压 u_i 分别如图 7-21（b）和图 7-21（c）所示。

1）转换结束时，图 7-21（b）和图 7-21（c）的输出数字量各为多少。

2）4 位 D/A 转换器的最大输出电压 $U_{o(max)}=5V$，估计两种情况下的输入电压范围各为多少。

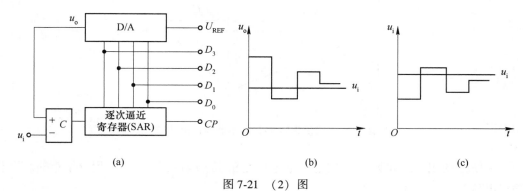

图 7-21 （2）图

（a）逐次逼近型 A/D 转换器电路；（b）输出波形；（c）输入电压

（三）双积分型 A/D 转换器

双积分型 A/D 转换器是间接型 A/D 转换器中最常用的一种，它具有精度高、抗干扰能力强等特点。双积分型 A/D 转换器首先将输入的模拟电压 u_i 转换成与之成正比的时间量 T，再在时间间隔 T 内对固定频率的时钟脉冲计数，则计数的结果就是一个正比于输入模拟电压 u_i 的数字量。

图 7-22 所示为双积分型 A/D 转换器的原理框图，它由积分器、比较器、n 位计数器、控制逻辑、时钟脉冲源以及开关和基准电压等组成。输入为模拟电压 u_i，输出为 n 位二进制代码。

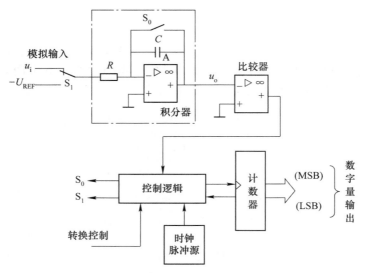

图 7-22　双积分型 A/D 转换器的原理框图

双积分型 A/D 转换器的一次工作过程分为两个积分阶段。积分器的输出波形如图 7-23 所示。

转换开始前开关 S_0 闭合使电容 C 完全放电，计数器清零。

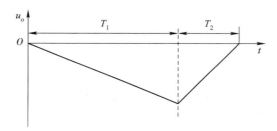

图 7-23　双积分型 A/D 转换器的输出波形

第一阶段的积分时间为 T_1，控制电路将开关 S_1 接通输入电压 u_i，积分结束时积分器的输出电压为

$$u_o = -\frac{1}{RC}\int_0^{T_1} u_i \mathrm{d}t = -\frac{u_i T_1}{RC} \tag{7-11}$$

式（7-11）中的 T_1、R 和 C 均为常数，因此 u_o 与 u_i 成正比。

第二阶段的积分时间为 T_2，开关 S_0 保持断开状态，控制电路将开关 S_1 接至基准电压 $-U_{REF}$，积分器对基准电压 $-U_{REF}$ 进行积分，积分器的输出电压为零，即

$$u_o = -\frac{u_i T_1}{RC} - \left(-\frac{1}{RC}\int_{T_1}^{T_1+T_2} U_{REF}\mathrm{d}t\right) = -\frac{u_i T_1}{RC} + \frac{U_{REF} T_2}{RC} = 0 \tag{7-12}$$

$$T_2 = \frac{T_1}{U_{\text{REF}}} u_i \tag{7-13}$$

在 T_2 期间内，时钟脉冲信号的频率为 $f_c = \dfrac{1}{T_c}$，计数器对其计数的结果为 u，即

$$u = T_2 f_c = \frac{T_2}{T_c} = \frac{T_1 u_i}{T_c U_{\text{REF}}} \tag{7-14}$$

由于在 T 期间，计数器也对频率为 $f_c = \dfrac{1}{T_c}$ 的时钟信号计数，设 T_1 与 T_c 有如下关系：

$$T_1 = NT_c \tag{7-15}$$

式中，N 为整数。

将式（7-15）代入式（7-14），得

$$u = \frac{N}{U_{\text{REF}}} u_i \tag{7-16}$$

可见，计数器计数的结果 u 与第一阶段输入的模拟电压 u_i 成正比，从而实现了输入模拟电压 u_i 到数字量输出的转换。

双积分型 A/D 转换器在完成一次转换过程中需要进行两次积分。其缺点是转换时间长、工作速度低。但由于它的电路结构简单、工作稳定可靠、转换精度高、抗干扰能力强，因此，在转换速度较低的场合有着广泛的应用。

（四）电压频率转化型 A/D 转换器

在电压频率转换型 A/D 转换器中，输入模拟电压被转换成一系列频率与输入电平成比例的脉冲信号以后再输出。它用一个与输入电平成比例的电流对电容充电，当锯齿波达到预设的门限值时就开始对电容放电。为了获得更高的精度，通常都会在这个系统中使用反馈。

三、A/D 转换器的主要技术指标

（一）分辨率

A/D 转换器的分辨率用输出二进制数的位数表示，位数越多，误差越小，转换精度越高。

例如，A/D 转换器输入模拟电压范围为 0~5V，输出 8 位二进制数可以分辨的最小模拟电压为 $\dfrac{5}{2^8} \approx 20\text{mV}$；而输出 12 位二进制数可以分辨的最小模拟电压为 $\dfrac{5}{2^{12}} \approx 1.22\text{mV}$。

（二）转换精度

转换精度通常用转换误差来描述，转换误差是指在零点和满度都校以后，分别测量各个数字量所对应的模拟输入电压实测范围与理论范围之间的偏差，取其中的最大偏差作为转换误差的指标。通常以相对误差的形式出现，并以 LSB 表示。

例如，转换误差 $< \pm\dfrac{\text{LSB}}{2}$，表明实际输出的数字量和理论输出的数字量之间的误差小

于最低有效位（LSB）的一半。

（三）转换速度

完成一次 A/D 转换所需要的时间称为转换时间，转换时间越短，则转换速度越快。A/D 转换器的转换时间与转换电路的类型有关。并行比较型 A/D 转换器的转换时间可达 10ns；逐次逼近型 A/D 转换器的转换时间在 $10 \sim 50 \mu s$；双积分型 A/D 转换器的转换时间在几十毫秒至几百毫秒之间。

因此，并行比较型 A/D 转换器的转换速度最高，逐次逼近型 A/D 转换器次之，间接 A/D 转换器（如双积分型 A/D 转换器）的速度最慢。

四、集成 A/D 转换器芯片介绍

在功能上，除了具有 A/D 转换的基本功能之外，很多芯片还集成了放大器、三态输出锁存器、多路开关等功能。在性能上，有的芯片转换精度高，有的芯片转换速度快，有的芯片价格低廉。

虽然 ADC 芯片种类繁多，功能和性能各有差异，而且与微控制器的接口电路也不尽相同，但它们的基本功能和使用方法还是大体一致的。本书里只简单介绍常用的 8 位集成 ADC 芯片 ADC0809。

（一）ADC0809 的电路构成

ADC0809 是美国国家半导体公司生产的采用 CMOS 工艺制成的 8 位逐次逼近型集成 A/D 转换器，其内部有一个 8 通道多路开关，它可以根据地址码锁存译码后的信号，只选通 8 路模拟输入信号中的一个进行 A/D 转换。ADC0809 的内部结构框图和引脚图如图 7-24 所示。电路主要由 8 路模拟开关、地址锁存器与译码器、逐次逼近型 A/D 转换器、树状开关、电阻网络和三态输出锁存缓冲器等构成。

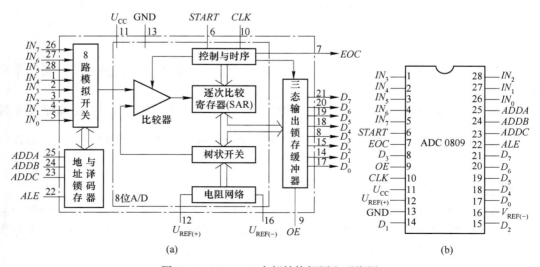

图 7-24 ADC0809 内部结构框图和引脚图

（a）ADC0809 内部结构框图；（b）ADC0809 引脚图

（二）ADC0809 的主要性能指标

（1）供电电源：5V。

（2）输入模拟电压范围：0~5V。

（3）工作温度：−40~85℃。

（4）输出：TTL 逻辑电平。

（5）分辨率：8 位。

（6）转换时间：100μs。

（7）最大不可调误差：小于 ±1LSB。

（8）功耗：15mW。

（三）ADC0809 的引脚功能

（1）$IN_0 \sim IN_7$：8 路模拟电压输入端口，8 通路模拟开关选择其中一路输入模拟电压，将其送入 A/D 转换电路进行转换。

（2）$D_0 \sim D_7$：8 位数字量输出端口，D_7 为高位。

（3）$ADDA$、$ADDB$、$ADDC$：三位地址输入端，三位地址经地址锁存和译码后，选择一路输入模拟电压进行 A/D 转换，$ADDC$ 为高位。

（4）ALE：地址锁存允许信号输入端，接入脉冲信号，当 $ALE = 1$ 时，锁存通道地址。

（5）EOC：转换结束标志，高电平有效，当 $EOC = 0$ 时，表示正在进行 A/D 转换，当 $EOC = 1$ 时，表示 A/D 转换结束，并将结果存入输出缓冲锁存器中。

（6）OE：输出允许端，高电平有效，当 $OE = 1$ 时，打开输出锁存缓冲器，将转换后的结果送至外部电路。

（7）$START$：启动 A/D 转换信号输入端，通常与 ALE 接在一起。

（8）CLK：时钟脉冲信号输入端。

（9）U_{CC}：电源端，单一供电电源 +5V。

（10）GND：接地端。

（11）$U_{REF(+)}$、$U_{REF(-)}$：基准电压源的正端和负端。

（四）ADC0809 的工作原理

（1）输入三位地址信号 $ADDC$、$ADDB$、$ADDA$，通过地址信号选通一路输入模拟信号进行 A/D 转换，对应关系见表 7-3。当 $ALE = 1$ 时，锁存通道地址。

表 7-3　模拟输入信号的选项

$ADDC$	$ADDB$	$ADDA$	被选输入通道
0	0	0	IN_0
0	0	1	IN_1
0	1	0	IN_2
0	1	1	IN_3

续表 7-3

ADDC	ADDB	ADDA	被选输入通道
1	0	0	IN_4
1	0	1	IN_5
1	1	0	IN_6
1	1	1	IN_7

（2）A/D 转换由 $START=1$ 启动，在 $START$ 的上升沿，将逐次比较寄存器复位，$START$ 下降沿真正开始转换。转换结束标志 $EOC=0$，说明转换操作正在进行，转换过程在时钟脉冲信号 CLK 的控制下进行。由于 $START=1$ 启动 A/D 转换和 $ALE=1$ 锁存通道地址都是正脉冲，因此常把 $START$ 和 ALE 接在一起。

（3）转换完成后，转换结束标志 $EOC=1$，若 $OE=1$，则三态输出锁存缓冲器打开，将 A/D 转换后的数据从 $D_7 \sim D_0$ 输出。

能力提升

（1）一个 4 位 T 形电阻网络 D/A 转换器，若 $U_{REF}=5V$，$R_f=3R$，试计算最大输出电压 u_{max} 是多少？

（2）一个 10 位 T 形电阻网络 D/A 转换器，当 $U_{REF}=10V$ 时，试求：

1）当输入为 1111111111 时的输出模拟电压 u_{max}；

2）当输入为 0000000001 时的输出模拟电压 u_{LSB}；

3）当输入为 1101100010 时的输出模拟电压；

4）分辨率。

（3）5 位倒 T 形电阻网络 D/A 转换器的参考电压 $U_{REF}=10V$，模拟开关导通压降为 0，当 $D_4D_3D_2D_1D_0=10011$ 时，输出电压为多少？此电路的分辨率是多少？

（4）若使分辨率小于 1%，至少要用多少位的 D/A 转换器？

（5）若 10 位 D/A 转换器的最大满度输出电压 $U_{omax}=5V$，试求分辨率和最小分辨电压。

（6）8 位 D/A 转换器，试求基准电压 $U_{REF}=-10V$，输入数据为 20h 时的输出电压是多少？

（7）权电阻网络 D/A 转换器如图 7-25 所示，若 $U_{REF}=-10V$，$R_f=R=20k\Omega$，求 u_o 的输出范围。

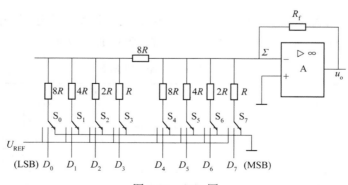

图 7-25 （7）图

（8）某 D/A 转换器的最低位（LSB）发生变化时，输出电压变化量 $\Delta u_o = 2\text{mV}$，最大满度值输出电压 $U_{max} = 10\text{V}$，求该电路输入数字量的位数。

（9）某 10 位 D/A 转换器中，已知最大满度输出模拟电压 $u_{max} = 10\text{V}$，求分辨率和最小分辨电压 Δu_o。

（10）若 A/D 转换器的输入电压 u_i 中最高频率分量为 $f_{max} = 100\text{kHz}$，则取样频率 f_s 的下限值是多少。

（11）一个 6 位逐次比较型 A/D 转换器中，若 $U_{REF} = 12\text{V}$，输入电压 $u_i = 5\text{V}$。试问：

1）输出数字量为多少；

2）若其他条件不变，仅其位数由 6 位改为 8 位，此时输出量为多少。

（12）在 10 位逐次比较型 A/D 转换器中，已知时钟脉冲的频率为 1kHz，则完成一次转换所需时间是多少？若要求完成一次转换的时间小于 $100\mu\text{s}$，时钟脉冲的频率应选多高。

（13）在双积分型 A/D 转换器中，若计数器为 10 位二进制计数器，时钟脉冲信号的频率为 100kHz，试计算转换器的最大转换时间是多少。

第八章　数字系统设计基础

学习目标

（1）掌握"自顶而下"的设计思路。
（2）掌握数字系统设计的描述方法。
（3）熟悉基于 PLD 的数字系统设计相关的实现步骤。

本章导视

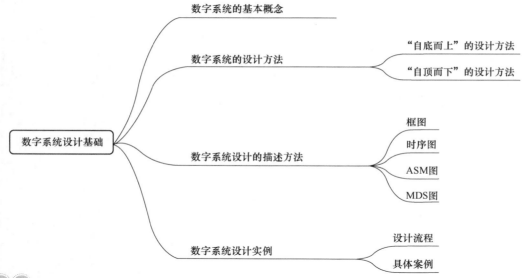

在当今的数字时代，数字技术与数字电路组成的数字系统已经成为大到空间雷达、地球卫星定位系统、移动通信、医用断层扫描设备，小到家用计算机、数字照相机、数字录音笔、数码微波炉等现代电子系统的重要组成部分。那么，什么是数字系统呢。

如果把数字系统比喻成一个人，那么数据处理器就像人的手和脚，能够完成各种操作。但要想完成一个复杂的工作必须由大脑协调控制；控制器在数字系统中就起到了大脑的作用。

第一节　数字系统的基本概念

所谓数字系统（Digtal System）是指由若干数字电路和逻辑部件构成的，能够实现某种数据存储、传送和处理等复杂功能的数字设备。数字系统一般由数据子系统和控制子系统构成，基本结构如图 8-1 所示。

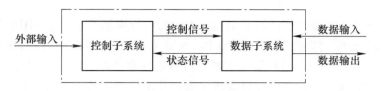

图 8-1　数字系统的基本结构

数据子系统（也称数据处理器 Data Processor）由寄存器和组合逻辑电路构成，寄存器用于暂存信息，组合逻辑电路实现对数据的加工和处理。在一个操作步骤中，控制子系统发出命令信号给数据子系统，数据子系统完成命令信号所规定的操作。在下一个操作步骤中，控制子系统发出另外一组命令信号，命令数据子系统完成相应的操作。通过多步操作（也称操作序列），数字系统完成一个操作任务，控制子系统接收数据子系统的状态信息及外部输入来选择下一个操作步骤。

控制子系统（也称控制器 Controller）决定数据子系统的操作和操作序列。控制子系统决定操作步骤，它根据外部输入控制信号和数据子系统的状态信号来确定下一个操作步骤。控制子系统控制数字系统的整个操作进程。控制子系统是数字系统的核心，有无控制子系统是区分数字系统和逻辑功能部件的重要标志。凡是有控制子系统、且能按照一定时序进行操作的，不论规模大小，均称为数字系统。凡是没有控制子系统，不能按照一定时序操作，不论规模有多大，均不能作为一个独立的数字系统，只能作为一个完成某一特定任务的逻辑功能部件，如加法器、译码器、寄存器、存储器等。

第二节　数字系统的设计方法

数字系统的设计方法有两种，即"自底向上"和"自顶向下"的设计方法。现分别介绍如下。

一、"自底而上"的设计方法

这是一种传统的设计方法，其主要的设计过程是根据系统对硬件的要求，从整体上规划整个系统的功能，编写出详细技术规格书和系统控制流程图。根据所给的技术规格书和控制流程图，对系统的功能进行细化，合理地划分功能模块，确立它们之间的相互关系。这种划分过程不断进行，直到划分得到的单元可以直接映射到实际的物理器件。完成上述划分后再进行各功能模块的设计与调试工作。最后进行各个模块电路的连接并进行系统联调，从而完成整个系统的硬件设计。

这种设计方法没有明显的规律可循，主要依靠设计者的实践经验和熟练的设计技巧，用逐步试探的方法最终设计出一个完整的数字系统。如果系统设计存在比较大的问题，也有可能要重新设计，使得设计周期加长、资源浪费增加。早期的数字系统设计多采用这种方法。

二、"自顶而下"的设计方法

当前电子技术的发展，硬件描述语言（VHDL）应用越来越广，VHDL 可以在各抽象层次上对电子系统进行描述，且借助于 EDA 设计工具自动地实现从高层次到低层次的转换，使"自顶向下"的设计过程得以实现。目前这种设计方法已被工程界广泛采用。"自顶向下"设计的总过程是从系统总体要求出发，从系统顶层开始，自上而下地逐步将系统设计内容进行细化，借助 VDHL 进行编程，将系统硬件设计转化成软件编程。在此基础上再利用相应的逻辑综合工具 EDA 以及在线可编程 ISP 技术，对各种 PLD 如 CPLD、FPGA 进行逻辑划分与适配，并将所产生的配置文件映射到相应的可编程芯片内，最后完成硬件的整体设计。

第三节　数字系统设计的描述方法

设计一个数字系统时，应首先明确该系统的任务、要求、原理和使用环境，搞清楚外部输入、输出信号特性，系统要完成的逻辑功能和技术指标等，然后确定初步方案。这部分的描述方法有框图、时序图、逻辑流程图和 MDS 图。

一、框图

框图（Block Diagram）用于描述数字系统的模型，是系统设计阶段最常用的重要手段。它可以详细描述数字系统的总体结构，并作为进一步详细设计的基础。框图不涉及过多的技术细节，直观易懂，因此具有以下优点。

（1）大大提高了系统结构的清晰度和易理解性。

（2）为采用层次化系统设计提供了技术实施路线。

（3）使设计者易于对整个系统的结构进行构思和组合。

（4）便于发现和补充系统可能存在的错误和不足。

（5）易于进行方案比较，以达到总体优化设计。

（6）可作为设计人员和用户之间交流的手段和基础。

框图中每一个方框定义了一个信息处理、存储或传送的子系统，在方框内用文字、表达式、通用符号或图形来表示该子系统的名称或主要功能。方框之间采用带箭头的直线相连，表示各子系统之间数据流或控制流的信息通道，箭头指示了信息传送的方向。图 8-1 就是用框图来表示数字系统结构的。

框图的设计是一个自顶向下、逐次细化的层次化设计过程。同一种数字系统可以有不同的结构。由于在总体结构设计（以框图表示）中的任何优化设计都会比具体逻辑电路设计的优化产生更多的效益，因此，虽然采用 EDA 等设计工具进行设计，许多逻辑化简、优化的工作都可以完成，但总体结构的设计是这些工具所不能替代的。可以说，总体结构设计是数字系统设计过程中最具创造性的工作之一。

总体结构设计框图需要有一份完整的系统说明书，在系统说明书中，不仅需要给出表示各个子系统的框图，同时还需要给出每个系统功能的详细描述。

二、时序图

时序（Sequence Chart）图是用来定时地描述系统各模块之间、模块内部各功能组件之间，以及组件内部各门电路或触发器之间输入信号、输出信号和控制信号的对应时序波形及特征的时间关系图。时序图的描述也是一个逐次细化的过程，即由描述系统输入、输出信号之间的简单时序图开始，随着系统设计的不断深入，时序图也不断地反映新出现的系统内部信号的时序关系，直到最终得到一个完整的时序图。时序图精确地定义了系统的功能，在系统调试时，借助 EDA 工具，建立系统的模型仿真波形，以判定系统中可能存在的错误；或在硬件调试及运行中，可通过逻辑分析仪或示波器对系统中重要节点处的信号进行观测，以判定系统中可能存在的错误。

三、ASM 图

逻辑流程图简称流程图，又叫作 ASM（Algorithmic State Machine）图，它是描述数字系统功能的常用方法之一。它是用特定的几何图形（如矩形、菱形、椭圆等）、指向线和简练的文字说明，来描述数字系统的基本工作过程。ASM 图的描述对象是控制单元，并以系统时钟来驱动整个流程，它与软件设计中的流程图十分相似。但 ASM 图有表示事件比较精确的时间间隔序列，而一般软件流程图没有时间概念。

ASM 图一般有三种基本符号：矩形状态框、菱形条件判别框和椭圆形条件输出框，如图 8-2 所示。

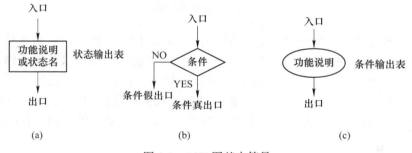

图 8-2　ASM 图基本符号
（a）矩形状态框；（b）菱形条件判别框；（c）椭圆形条件输出框

（1）状态框：状态框用于表示控制单元的一个状态，其左上角是该状态名称，而其右上角的一组数字是用来表示该状态的二进制编码（若已经编码的话，则写；若没有进行编码，则可不写）。在时钟作用下，ASM 图的状态由现状态转换到次状态。状态框内可以定义在该状态时的输出信号和命令。如图 8-3 所示 ASM 图中，状态框为 A、B、C，A 框内的 Z_1 是指在状态 A 时，无条件的输出命令 Z_1。箭头表示控制单元状态的流向，在时钟脉冲触发沿的触发下，控制单元进入状态 A，在下一个时钟脉冲触发沿的触发下，控制单元离开状态 A，因此一个状态框占用一个时钟脉冲周期。

（2）条件判别框：条件判别框表示 ASM 图的状态分支，它有一个入口和多个出口，框内填判断条件，如果条件为真，那么选择一个出口，若条件为假，则选择另一个出口。条件判别框的入口来自某一个状态框，在该状态占用的一个时钟周期内，根据条件判别框中的条件，以决定下一个时钟脉冲触发沿来到时，该状态从条件判别框的哪个出口出去，因此条件判别框不占用时间。图 8-3 中，菱形条件判别框内的 X 表示在状态 A 时，如果输入 $X=1$，则状态转移到 C；如果 $X=0$，则状态转移到 B。条件判别框属于状态框 A，在时钟的作用下，由于输入不同，状态可能是状态 B 或 C，而状态的转换是在状态 A 结束时完成。

（3）条件输出框：在某些状态下，输出命令只有在一定条件下才能输出，为了和状态框内的输出有所区别，用椭圆形框表示条件输出框，且其入口必定与条件判别框的输出相连。如图 8-3 所示，状态框 A 中的输出 Z_1 是无条件输出，而在条件输出框内的 Z_2 是只有在状态 A 而且输入 $X=0$ 时，才输出 Z_2。条件输出框属于状态框 A，因此条件输出框也不占用时间。

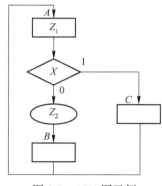

图 8-3 ASM 图示例

状态框表示系统必须具备的状态；条件判别框和条件输出框不表示系统状态，而只是表示某个状态框在不同的输入条件下的分支出口及条件输出（即在某状态下输出量是输入量的函数）。一个状态框和若干个判别框，或者再加。上条件输出框就组成了一个状态单元。ASM 图可以描述整个数字系统对信息的处理过程，以及控制单元所提供的控制步骤，它便于设计者发现和改进信息处理过程中的错误和不足，又是后续电路设计的依据。

四、MDS 图

MDS 图（Mnemonic Documented State Diagrams）是设计数字系统控制器的一种简洁的方法。MDS 图类似于状态图，但由于它利用符号和表达式来表示状态的转换条件和输出，使其比通常的状态图更具有一般性。

MDS 图是用一个圆圈表示一个状态，状态名标注在圆圈内，圆圈外的符号或逻辑表达式表示输出，用定向线表示状态转换方向，定向线旁的符号或逻辑表达式表示转换条件。

MDS 图中符号的含义如下。

Ⓐ：表示状态 A。

Ⓐ→Ⓑ：表示状态 A 无条件转换到状态 B。

Ⓐ$\xrightarrow{x}$Ⓑ：表示状态 A 在满足条件 x 时转换到状态 B。x 表示输入条件，它可以是一个字母，也可以是一个乘积项，还可以是一个复杂的布尔表达式。

Ⓐ$Z\uparrow$：表示进入状态 A 时，Z 变为有效。如果 Z 的有效电平是 H，则可以表示为

Ⓐ$Z=H\uparrow$。

　　Ⓐ$Z\downarrow$：表示进入状态 A 时，Z 变为无效。如果 Z 的有效电平是 H，则可以表示为 Ⓐ$Z=H\downarrow$。

　　Ⓐ$Z\uparrow\downarrow$：表示进入状态 A 时，Z 变为有效。退出状态 A 时，Z 变为无效。如果 Z 的有效电平是 H，则可以表示为 Ⓐ$Z=H\uparrow\downarrow$。

　　Ⓐ$Z\uparrow\downarrow=A\cdot x$：表示如果满足条件 x，则进入 A 时 Z 有效，退出 A 时 Z 无效。

　　Ⓐ$\rightarrow$：表示 A 在异步输入作用下退出 A 状态，其中 x 是一个异步输入变量。

　　Ⓐ$\overset{x}{\rightarrow}$：表示 A 在异步输入作用下退出 A 状态，其中 x 是一个异步输入变量。

　　MDS 图和一般状态图的不同在于输入、输出变量的表示方法。在 MDS 图中，标注在定向线旁的输入变量是用简化项表示。如图 8-4 所示，当输入 $x_2x_1=01$ 和 11 时，状态都由 A 转换到 B，则在 MDS 图中从 A 到 B 的定向线旁就标注一个 x_1。对于输出 Z_2Z_1 来说，在状态 A 到状态 B 时，Z_2Z_1 由 10 变为 11，而由状态 B 到状态 C 时，Z_2Z_1 由 11 变为 00。因此，对于 Z_1 来说，它只有进入状态 B 时有效，退出状态 B 时无效。而在 MDS 图中，在状态 B 的外侧标为 $Z_1\uparrow\downarrow$。对于输出 Z_2 来说，进入状态 A 有效，只有进入状态 C 无效。因此，在状态 A 外标注 $Z_2\uparrow$，在状态 C 外标注 $Z_2\downarrow$。

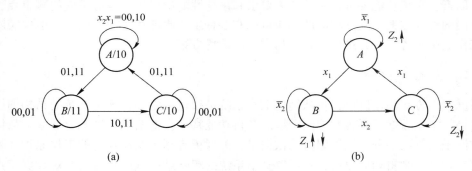

图 8-4　状态图和 MDS 图

(a) 状态图；(b) MDS 图

基础夯实

　　初始状态为 S_0 的数字系统，有两个控制信号 X 和 Y。当 $XY=10$ 时，寄存器 R 加 1，系统转入第二个状态 S_1。当 $XY=01$ 时，寄存器 R 清零，同时系统从 S_0 转入第三个状态 S_2。其他情况下系统处于初始状态 S_0。试画出该数字系统的 ASM 图。

第四节　数字系统设计实例

一、设计流程

　　本书主要介绍基于 PLD 是"自下而上"的设计数字系统的基本流程设计流程图，如图 8-5 所示。

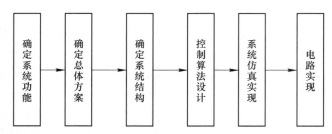

图 8-5 "自上而下" 设计数字系统的基本流程

（一）确定系统功能

确定系统功能是对要设计的系统的任务、要求、原理以及使用环境等进行充分调研，进而明确设计目标，确定系统功能。

（二）确定总体方案

数字系统总体方案将直接影响整个数字系统的质量与性能，总体方案需要综合考虑以下几个因素：系统功能要求、系统使用要求和系统性能价格比，考虑不同的侧重点，可以得出不同的设计方案。同一功能的系统可以有多种工作原理和实现方法，应根据实际问题以及工作经验对各个方案进行比较，从中选出最优方案。

（三）确定系统结构

系统总体方案确定以后，再从结构上对系统进行逻辑划分，确定系统的结构框图。具体方法是，根据数据子系统和控制子系统各自功能特点，把系统从逻辑上划分为数据子系统和控制子系统两部分。逻辑划分的依据是，怎样更有利于实现系统的工作原理，就怎样进行逻辑划分。逻辑划分以后，就可以画出系统的粗略结构框图。然后，对数据子系统进行进一步结构分解，将其分解为多个功能模块，再将各个功能模块分解为更小的模块，直至可用逻辑功能模块，如寄存器、计数器、加法器、比较器等实现为止。最后，画出由基本功能模块组成的数据子系统结构框图，数据子系统中所需的各种控制信号将由控制子系统产生。

（四）控制算法设计

控制算法是建立在给定的数据子系统的基础上的，它直接地反映了数字系统中控制子系统对数据子系统的控制关系和控制过程。控制算法设计的目的是获得控制操作序列和操作信号，为设计控制子系统提供基础。

（五）系统仿真实现

上述步骤完成之后，可以得到一个抽象的数字系统。经过细分后，数据子系统是逻辑功能部件的逻辑符号的集合，这些逻辑功能部件可以运用逻辑电路的设计方法进行设计。控制子系统经过控制算法设计后得到了控制操作序列和操作信号。数字系统中的控制子系统涉及的状态信号、外部输入信号、控制信号比较多，因此，控制子系统的具体电路设计是数字系统设计的重点之一。在完成两个子系统设计后，可用 EDA（Electronic Design Automation）软件对所设计的系统进行仿真，验证数字系统设计的正确性。

（六）电路实现

通过 EDA 软件仿真，如果设计的数字系统满足总体要求，就可以用芯片实现数字系统。首先实现各个逻辑功能电路，调试正确后，再将它们互连成子系统，最后进行数字系统总体调试。

二、具体案例

例如，设计一个主干道和支干道十字路口的交通灯控制电路，其技术要求如下：

（1）南北向为主干道，每次通行时间为 30s；东西向为支干道，每次通行时间为 20s；

（2）绿灯转红灯过程中，先由绿灯转为黄灯，5s 后再由黄灯转为红灯，同时对方才由红灯转为绿灯，所以主干道绿灯实际亮 25s，支干道绿灯实际亮 15s；

（3）按下 S 键后，能实现特殊状态的功能：计数器停止计数并保持在原来的状态，东西、南北路口均显示红灯状态；特殊状态解除后能继续计数；

（4）能实现全清零功能：按下复位键 Reset 后，系统实现全清零，由初状态计数，对应状态的指示灯亮。

交通灯示意图如图 8-6 所示。

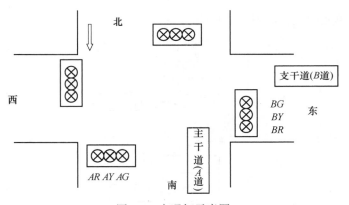

图 8-6　交通灯示意图

解：（1）确定系统功能。交通灯控制系统主要是实现城市十字交叉路口红绿灯的控制。在现代化的大城市中，十字交叉路口越来越多，在每个交叉路口都需要使用红绿灯进行交通指挥和管理，红、黄、绿灯的转换要有一个准确的时间间隔和转换顺序，这就需要有一个安全、自动的系统对红、黄、绿灯的转换进行管理。

（2）确定总体方案。根据交通灯控制系统的功能，确定如下总体方案。

1）设黄灯 5s 时间到时 $T_5=1$，时间未到时 $T_5=0$；设主干道绿灯 25s 时间到时 $T_{25}=1$，时间未到时 $T_{25}=0$；设支干道绿灯 15s 时间到时 $T_{15}=1$，时间未到时 $T_{15}=0$。

2）设主干道由绿灯转为黄灯的条件为 AK，当 $AK=0$ 时绿灯继续，当 $AK=1$ 时立即由绿灯转为黄灯。设支干道由绿灯转为黄灯的条件为 BK，当 $BK=0$ 时绿灯继续，当 $BK=1$

时立即由绿灯转为黄灯。AK、BK 与 T_{25}、T_{15} 有关。设控制子系统的初始状态为 S_0，此时主干道 A 道为绿灯、支干道 B 道为红灯。要想脱离该状态转入主干道 A 黄灯、支干道 B 红灯的 S_1 状态，必须满足条件：25s 定时时间到（$T_{25}=1$），即 $AK=T_{25}$。若 25s 定时时间未到，则仍保持 S_0 状态不变。当控制子系统进入 S_1 状态后，若黄灯亮足规定的时间间隔 T_5 时，输出从状态 S_1 转换到 S_2。同样，在 S_2 状态，此时主干道 A 道为红灯、支干道 B 道为绿灯。要想脱离该状态转入支干道 B 黄灯、主干道 A 红灯的 S_3 状态，只需满足条件：15s 定时时间到（$T_{15}=1$），即 $BK=T_{15}$。若 15s 定时时间未到，则仍保持 S_2 状态不变。当控制子系统进入 S_3 状态后，若黄灯亮足规定的时间间隔 T_5 时，则输出从状态 S_3 回到状态 S_0。

3）设主干道的绿灯、黄灯、红灯分别用 AG、AY、AR 表示，支干道的绿灯、黄灯、红灯分别用 BG、BY、BR 表示。用 0 表示灭、1 表示亮，则两个方向的交通灯有四种输出状态，见表 8-1。

表 8-1　交通灯输出状态

输出状态	AG	AY	AR	BG	BY	BR
S_0	1	0	0	0	0	1
S_1	0	1	0	0	0	1
S_2	0	0	1	1	0	0
S_3	0	0	1	0	1	0

交通灯控制单元的流程如图 8-7 所示。

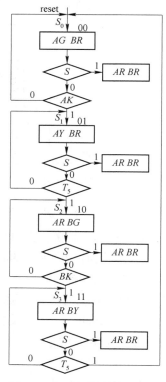

图 8-7　交通灯控制单元流程

（3）确定系统结构图。交通灯控制系统的原理框图如图 8-8 所示。其中，核心部分是控制器，它根据定时器的信号，决定是否进入状态转换；定时器以秒为单位倒计时，当定时器为零时，主控电路改变输出状态，电路进入下一个状态的倒计时。定时器向控制器发出定时信号，译码器和显示器则在控制器的控制下改变交通灯信号。

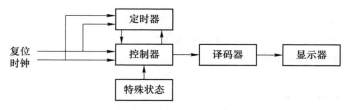

图 8-8　交通灯控制系统的原理框图

本例通过两组交通灯来模拟控制东西、南北两条通道上的车辆通行，所有功能在实验操作平台上进行模拟通过。顶层设计采用自顶向下的设计方法，利用 Quartus Ⅱ 的原理图输入法进行顶层设计的输入，系统顶层设计原理图如图 8-9 所示。

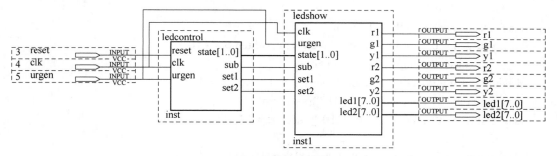

图 8-9　交通灯控制系统的顶层设计原理图

（4）控制算法设计。整个系统采用模块化（包括控制模块、显示模块和分频模块）设计，在 Altera 公司的 Quartus Ⅱ 软件平台下，使用 VHDL 对各个功能模块进行编程。

1）控制部分（见图 8-10）的设计如下：

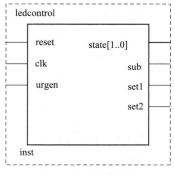

图 8-10　控制部分

```
library ieee;
use ieee. std_logic_1164. all;
use ieee. std_logic_unsigned. all;
```

```
entity ledcontrol is
     port(reset,clk,urgen:in std_logic;
          state:out std_logic_vector(1 downto 0);
          sub,set1,set2:out std_logic);
end ledcontrol;
architecture a of ledcontrol is
     signal count:std_logic_vector(6 downto 0);
     signal subtemp:std_logic;
begin
sub <=subtemp and (not clk);
statelabel:
process(reset,clk)
begin
if reset='1' then
  count <= "0000000";
  state <= "00";
elsif clk'event and clk='1' then
     if urgen='0' then count <= count + 1;subtemp <='1';
         else subtemp <='0';end if;
if count =0 then state <= "00";set1 <='1';set2 <='1';
elsif count = 25 then state <="01";set1 <='1';
elsif count = 30 then state<= "10";set1 <='1';
  set2 <='1';
elsif count =45 then state<="11";set2 <='1';
elsif count =50 then count <= "0000000";else set1 <='0';
     set2 <='0';end if;
end if;
end process statelabel;
end a。
```

2) 显示部分（见图 8-11）的设计如下:

```
library ieee;
use ieee. std_ logic_ 1164. all;
Use ieee. std_ logic_ unsigned. all;
entity ledshow is
     port(clk,urgen:in std_logic;
        state :in std_ logic_ vector(1 downto 0);
          sub,set1,set2 :in std_ logic;
r1,g1,y1,r2,g2,y2:out std_logic;
        led1,led2 :out std_ logic_ vector(7 downto 0);
end ledshow;
architecture a of ledshow is
```

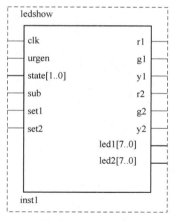

图 8-11 显示部分

signal count1 , count2 : std_logic_vector(7 downto 0) ;

signal setstate1 , setstate2 : std_logic_vector(7 downto 0) ;

signal tg1 , tg2 , tr1 , tr2 , ty1 , ty2 : std_ logic ;

begin

led1 <=" 11111111 " when urgen='1 ' and clk ='0 ' else count1 ;

led2 <=" 11111111 " when urgen=' 1 ' and clk=' 0 ' else count2;

tg1 <='1' when state =" 00 " and urgen=' 0 ' else '0';

ty1<='1' when state =" 01 " and urgen='0' else '0';

tr1 <='1' when state(1)='1 ' or urgen ='1' else ' 0 ';

tg2<='1 ' when state =" 10" and urgen ='0' else '0';

ty2<='1 ' when state =" 11 " and urgen='0' else '0';

tr2<='1' when state(1)='0' or urgen =' 1 ' else ' 0 ';

setstate1 <="00100101" when state = "00" else

"00000101" when state = "01" else

"00100000" ;

setstate2 <= "00010101" when state = "10" else

"00000101" when state = "11" else .

"00110000" ;

label2 :

process(sub)

begin

if sub ' event and sub ='1 ' then

if set2 ='1 ' then

count2 <=setstate2 ;

elsif count2(3 downto 0) = "0000" then count2 <= count2-7;

else count2 <= count2-1; end if;

```
        g2 <= tg2;
        r2 <= tr2;
        y2 <= ty2;
end if;
end process label2;
label1:
process(sub)
begin
If sub'event and sub='1' then
if set1 ='1' then
        count1 <=setstate1;
elsif count1(3 downto 0) = "0000" then count1
<= count1-7;
else count1 <= count1-1;end if;
g1 <=tg1;
r1 <=tr1;
y1 <=ty1;
end if;
end process label1;
end a。
```

3）分频部分（见图 8-12）的设计如下：

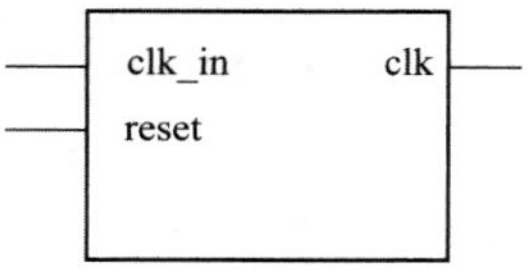

图 8-12　分频部分

```
library ieee;
use ieee. std_ logic_ 1164. all;
use work. p_ alarm. all;
entity divider is
    port(clk_in:std_ logic ;
        reset:in std_ logic;
            clk :out std_logic);
end divider;
Architecture art of divider is
constant divide_period:t_ short: = 1000 ;
```

```
begin
        process(clk_ in,reset)is
        variable cnt:t_ short;
        begin
            if( reset =' 1') then
            cnt：=0;
            clk<='0';
        elsif rising_ edge( clk_ in) then
            if( cnt <= (divide_ period/2) )then
            clk<='1';
            cnt：=cnt + 1;
        elsif( cnt <(divide_period - 1) )then
            clk<='0';
            cnt：=cnt + 1;
        else
                cnt：=0;
            end if;
            end if;
        end process ;
end art;
```

p_ alarm 程序包

```
library ieee;
use ieee. std_ logic_ 1164. all;
package P_alarm is
subtype t_digital is integer range 0 to 9;
subtype t_short is integer range 0 to 65535;
Type t_ clock. _time is array(5 downto 0) of t_ digital;
type t _display is array(5 downto 0) of t _digital;
end package p_alarm。
```

（5）系统仿真实现。

1）对交通灯控制部分进行仿真：在 Quartus Ⅱ软件中导入交通灯控制程序，对此程序编译无错误后，建立 Vector waveform file 文件。保存时，仿真文件名要与设计文件名一致。在其中，设计的开始时间为 0，结束时间为 5μs，周期为 50ns。

当 reset ='1' state <= "00" count <= "0000000";

当 reset =' 0 '在上升沿到来时执行当 count =0 则 state <= "00"; set1<='1'; set2<='1';

count =25 state<="01"; set1 <='1'; count =30 then state<="10"; set1 <='1'; set2 <='1';

count =45 then state <="11"; set2 <='1';

count = 50 then count <= "0000000" ,否则 set1 <='0'; set2 <='0'

仿真的结果正确。

2）对交通灯显示部分进行仿真：在 Quartus Ⅱ 软件中导入交通灯显示程序，对此程序编译无错误后，建立 Vector waveform file 文件。保存时，仿真文件名要与设计文件名一致。将控制仿真的结果贴到显示仿真中，其中设计的开始时间为 0，结束时间为 5μs，周期为 50ns。

仿真结果与程序所要的结果一样。当 state = "00" 时 g1 <=1；当 state（1）<='0'时 r2 <='1'。

当 urgen ='1'时 r1 <='1'，r2<='1'；仿真结果与程序设计符合。

3）对交通灯系统部分进行仿真：在 Quarus Ⅱ 软件中导入交通灯系统程序，对此程序编译无错误后，建立 Vector waveform file 文件。保存时，仿真文件名要与设计文件名一致。在其中，设计的开始时间为 0，结束时间为 5μs，周期为 50ns。系统仿真的结果符合设计要求，与前面仿真的结果也一致。

（6）电路实现。选定目标器件，将输入、输出信号分配到器件相应的引脚上，见表 8-2。然后重新编译设计项目，生成下载文件。

表 8-2 交通灯控制系统引脚分配

输入	芯片脚号	输出	芯片脚号	输出	芯片脚号
Clk	Pin_93	led2［7］	Pin_121	Led1［6］	Pin_128
reset	Pin_41	led2［6］	Pin_120	Led1［5］	Pin_127
urgen	Pin_42	led2［5］	Pin_114	Led1［4］	Pin_126
		led2［4］	Pin_113	Led1［3］	Pin_125
		led2［3］	Pin_112	Led1［2］	Pin_124
		led2［2］	Pin_111	Led1［1］	Pin_123
		led2［1］	Pin_110	Led1［0］	Pin_122
		led2［0］	Pin_109	g1	Pin_142
		Led1［7］	Pin_129	g2	Pin_132
		r1	Pin_140	y1	Pin_141
		r2	Pin_139	y2	Pin_133

适配后生成的下载或配置文件通过编程器，对 CPLD 的下载称为编程（Program）。用鼠标选择 Quartus Ⅱ 软件中的 Program 选项就实现了本次试验的下载。

最后，对载入了设计的 FPGA 或 CPLD 的硬件系统进行统一测试，以便验证设计项目在目标系统上的实际工作情况，以排除错误，改进设计。

能力提升

（1）一个数字系统的数据处理单元由触发器 E 和 F、4 位二进制计数器 A 以及必要的门电路组成。计数器的各位为 A_4、A_3、A_2、A_1。系统开始处于初始状态，当信号 $S=0$ 时，系统保持在初始状态；当信号 $S=1$ 时，计数器 A 和触发器 F 清零。从下一个时钟脉冲开始，计数器进行加 1 计数，直到系统操作停止。A_4 和 A_3 的值决定了系统的操作顺序。当 $A_3 = 0$ 时，触发器 E 清零，计数器继续计数。当 $A_3 = 1$ 时，触发器 E 置 1，并检测到 A_4。当 $A_4 = 0$ 时，继续计数；当 $A_4 = 1$ 时，触发器 F 置 1，并停止计数，回到系统初始状态。

1）试画出该系统的 ASM 图。

2）画出该系统控制单元的 MDS 图。

（2）设计一彩灯控制器。彩灯共有 16 只，排成方形，系统可控制彩灯每一分钟的规则变化，控制方法有四种：

1）当第一个 1min 时，彩灯顺时针方向运行，且每秒只有一只灯发光；

2）当第二个 1min 时，彩灯逆时针方向运行，且每秒只有一只灯发光；

3）当第三个 1min 时，彩灯顺时针方向运行，且每秒有两只灯发光；

4）当第四个 1min 时，彩灯逆时针方向运行，且每秒有两只灯发光。

参 考 文 献

[1] 阎石. 数字电子技术基础 [M]. 6 版. 北京：高等教育出版社，2016.

[2] 康华光. 电子技术基础：数字部分 [M]. 6 版. 北京：高等教育出版社，2014.

[3] 范立南，田丹，李雪飞，等. 数字电子技术 [M]. 北京：清华大学出版社，2014.

[4] 钱裕禄. 实用数字电子技术 [M]. 北京：北京大学出版社，2021.

[5] 余孟尝. 数字电子技术基础简明教程 [M]. 4 版. 北京：高等教育出版社，2018.

[6] 宋婀娜. 数字电子技术基础 [M]. 2 版. 北京：机械工业出版社，2022.

[7] 高吉祥，于文霞. 数字电子技术 [M]. 4 版. 北京：电子工业出版社，2016.

[8] 熊小君. 数字逻辑电路分析与设计教程 [M]. 北京：清华大学出版社，2017.

[9] 孟庆斌. 数字电子技术基础 [M]. 北京：清华大学出版社，2022.

[10] 张新喜. Multisim 14 电子系统仿真与设计 [M]. 2 版. 北京：机械工业出版社，2017.

[11] 丛红侠，郭振武，刘广伟. 数字电子技术基础实验教程 [M]. 天津：南开大学出版社，2011.